Environment and Development Review (Volume 7)

中国环境与发展评论（第七卷）

公平与效率视角下的绿色发展

Green Development under the Perspectives of Equity and Efficiency

张友国 等◎著

图书在版编目（CIP）数据

中国环境与发展评论（第七卷）——公平与效率视角下的绿色发展/张友国等著. —北京：经济管理出版社，2017. 11
ISBN 978-7-5096-5457-6

Ⅰ. ①中… Ⅱ. ①张… Ⅲ. ①环境—问题—研究—中国 Ⅳ. ①X-12

中国版本图书馆 CIP 数据核字（2017）第 274250 号

组稿编辑：张永美
责任编辑：高　娅
责任印制：黄章平
责任校对：王纪慧

出版发行：经济管理出版社
（北京市海淀区北蜂窝 8 号中雅大厦 A 座 11 层　100038）
网　　址：www. E-mp. com. cn
电　　话：（010）51915602
印　　刷：三河市延风印装有限公司
经　　销：新华书店
开　　本：720mm×1000mm/16
印　　张：15. 25
字　　数：258 千字
版　　次：2018 年 1 月第 1 版　　2018 年 1 月第 1 次印刷
书　　号：ISBN 978-7-5096-5457-6
定　　价：58. 00 元

目　录

导言

效率与公平是中国特色社会主义建设过程中的两大指导原则或决策原则。不过，自改革开放以来，政策制定者对效率与公平这两个概念的含义及两者之间相互关系的理解并非一成不变，而是与时俱进的。学术界关于这两个概念及其关系的看法也从未统一过，争论始终存在，而且这种状况还将持续下去。值得注意的是，在改革开放之初，效率与公平的权衡主要集中在分配制度及其改革方面。随着我国社会主义事业的不断发展，有关效率与公平的讨论也逐渐从分配制度拓展至更广泛的经济建设领域，并进一步从经济建设领域延伸至政治建设、社会建设、文化建设、生态建设等中国特色社会主义建设的各个领域。特别是在中共十八届五中全会召开以后，绿色发展成为指导中国发展的五大理念之一。绿色发展将如何影响公平与效率？如何在绿色发展中贯穿公平与效率原则？这就是本书试图讨论的主题。围绕这一主题，本书从不同层面、不同视角展开了一系列探讨和分析。

一、经济与环境视角下的效率

效率与公平有着广泛的研究视角，它们的内涵和外延也十分丰富。这里仅从经济与环境的视角出发对效率与公平予以简单的讨论。

（一）经济效率的内涵

从马克思在《1861～1863 年经济学手稿》中的相关表述来看，效率即在一定时间内单位劳动或劳动条件所能生产的商品或使用价值。例如，马克思指出："劳动的生产效率较高，那么，劳动保存已有价值所需的劳动时间就较少；反过来情况也就相反。"① 同时，马克思在某种程度上将效率等同于生产力，他认为："在大规模的生产中……由于一定费用的节约即劳动过程的条件的节约……生产力自然会提高……"②

改革开放以来，党中央一直将效率作为收入分配制度设计的重要原则，这里的效率主要是指劳动者的生产效率。上述原则提出的目的就是通过收入分配制度改革激励劳动者，促使他们发挥劳动积极性，从而提高效率。随着改革的不断深入，效率原则也逐渐融入其他经济领域，如"提高企业和资本的运作效率""提高国有企业效率"。这些有关经济活动的效率表述与马克思的经济效率观都是一脉相承的。同时，中央对市场在资源配置中的作用不断予以强化，从"辅助性作用"到"基础性作用"，直至中共十八届三中全会进一步提出要发挥市场在资源配置中的决定性作用，其目的就是要最大限度地提高资源配置效率。

（二）环境（生态）效率的内涵

环境（生态）效率（Eco-Efficiency）概念的出现与20世纪70年代兴起的环境运动和不断盛行的可持续发展观念密切相关。比较正式的环境效率由Schaltegger和Sturm（1990）提出，而后经由WBCSD的推广而得到社会各界的广泛重视，并成为可持续发展研究的一个重要领域（Kicherer等，2007）。1992年，环境效率已被联合国环境与发展大会认定为企业实施《21世纪议程》的一种方式。而环境效率评价的范围也逐渐从单个的企业、产品延伸至行业以及包括出口在内的各类需求。时至今日，环境效率已经成为分析可持续性的一个重要工具。

虽然不同学者和机构给出的环境效率定义在形式上有所差异，但这些定义的实质却是一致的，即使经济价值最大化的同时使相应的环境影响最小化（Jollands等，2004）。Huppes和Ishikawa（2005）区分了四种形式的环境效率：环境生产率、环境强度、环境改善成本、环境成本有效性。环境生产率可表示为单位环境影响所能创造的产出价值，环境强度即单位产出的环境影响，环境改善成本表示单位环境质量的改善需要付出的成本，环境成本有效性即单位成本所能获得的环境质量改善。前两种形式的环境

---

① 马克思、恩格斯：《马克思恩格斯全集》（第32卷），人民出版社1998年版，第144页。

② 马克思、恩格斯：《马克思恩格斯全集》（第31卷），人民出版社1998年版，第173-174页。

效率是从经济发展的视角来定义的，而后两种形式的环境效率主要是从改善环境的视角提出的。

许多学者分别采用上述环境效率的某一种或某几种形式及相应的测度方法评估了中国的环境效率状况。多数研究结果表明，虽然中国包括各个区域的环境效率基本上呈现逐渐上升的变化趋势，但总体环境效率水平仍然偏低，亟待进一步提升。而且中国区域间环境效率差异明显，东部地区的环境效率远远超过中西部地区（王连芬和戴裕杰，2017；尹传斌等，2017；汪克亮等，2017）。

（三）经济效率与环境效率的关系

环境效率是一种特殊的经济效率。习近平同志有一句著名论断："绿水青山就是金山银山。"这一论断继承和发展了马克思主义生态环境观，即生态环境是创造财富不可或缺的源泉。虽然自人类进入资本主义社会以来，生产技术已经得到了空前的发展，但人类物质财富的创造仍然离不开自然界。马克思曾在《哥达纲领批判》中指出，"劳动不是一切财富的源泉。自然界同劳动一样也是使用价值（而物质财富就是由使用价值构成的）的源泉，劳动本身不过是一种自然力即人的劳动力的表现"。类似的表述在马克思的其他著作中也反复出现过。例如，马克思在《政治经济学批判》中提到，"如果认为，劳动就它创造使用价值来说，是它所创造的东西即物质财富的唯一源泉，那就错了。既然它是使物质适应于某种目的的活动，它就要有物质作为前提。在不同的使用价值中，劳动和自然物质之间的比例是大不相同的，但是使用价值总得有一个自然的基础"。又如，在《1844 年经济学哲学手稿》中，马克思也有类似论述，即"没有自然界，没有感性的外部世界，工人什么也不能创造。它是工人的劳动得以实现、工人的劳动在其中活动、工人的劳动从中生产出和借以生产出自己的产品的材料"。恩格斯在《自然辩证法》中也强调了自然界对人类财富的重要意义，他指出，"政治经济学家说：劳动是一切财富的源泉。其实，劳动和自然界在一起才是一切财富的源泉，自然界为劳动提供材料，劳动把材料转变为财富"。依据马克思主义的生态环境观，既然生态环境是通过经济活动创造财富所必不可少的"自然的基础"或者不可或缺的劳动条件，那么环境效率自然也就属于经济效率的一部分，或者说环境效率就是一种特殊的经济效率。

二、经济与环境视角下的公平

（一）经济公平的内涵

经济公平是中国特色社会主义建设的重要目标，正如习近平同志在杭州 G20 峰会开幕式上（2016 年 9 月 3 日）所提出的："我们将更加注重公平公正，在做大发展蛋糕的同时分好蛋糕，从人民最关心最直接最现实的利益问题出发，让老百姓有更多成就感和获得感。"经济公平的范畴十分广泛，至少包括机会（起点）公平、规则（过程）公平、分配（结果）公平等内容，不过以往人们讨论较多的经济公平主要是指收入分配方面的公平。

从马克思主义视角出发，经济公平的标准对不同的阶级来说是不一样的。马克思通过对剩余价值及其产生过程的分析，揭示了资本主义制度看似公平的表象下，资本家盘剥劳动者剩余价值的经济不公平实质。这就是他所说的："资本家叫喊着要求平等的竞争条件，即要求对劳动的剥削实现平等的限制。"[①] 同时，经济公平的标准并不是永恒不变的，它具有历史性，受历史条件的约束。

恩格斯在《反杜林论》中则深刻地指出："平等的概念，无论是以资产阶级的形式出现，还是以无产阶级的形式出现，本身都是一种历史的产物。"进一步地，马克思在《哥达纲领批判》中指出："随着阶级差别的消失，一切由此差别产生的社会的和政治的不平等也就自行消失。"由此可见，经济公平的具体含义必将随着社会的不断发展而发展，而经济公平在中国的含义不断丰富和完善正体现了这一历史规律。

（二）环境公平与环境不公平

环境公平的概念是在环境种族主义的基础上发展而来的，环境公平的定义已不局限于环境质量公平性，而是包含所有与自然生态系统有关的、影响人们健康和福利的环境因素（武翠芳等，2009）。不过，目前人们并未就环境公平具体应包含哪些内容形成完全一致的看法。从相关研究文献来看，已经获得比较广泛认可的环境公平的含义大致包含以下两个方面：一是所有人（包括同代人和不同代人）都应当享受良好的生态环境并且拥有

① 马克思：《资本论》（第一卷），人民出版社 1975 年版，第 537 页。

不受恶劣生态环境影响的权利；二是全体人民共同且公平地承担环境保护义务（Stretesky 等，1988；张长元，1999；Scandrett 等，2000；洪大用，2001；曹海英，2002；朱玉坤，2002；文同爱和李寅铨，2003；吕力，2004；蔡守秋，2005）。当然，还有很多学者对环境公平的含义进行了丰富的拓展。例如，蔡守秋（2005）认为环境公平包括环境权利公平、环境机会公平、环境分配公平和环境人道主义公平等。

人们之所以关注和讨论环境公平，主要是因为现实世界中已经出现了大量不同层面的环境不公平的事件或现象。从时间维度出发，环境不公平可以区分为代际间的环境不公平和同代人之间的环境不公平。代际间的环境不公平即我们常说的不可持续性问题，也就是当代人对生态环境的破坏剥夺了后代人的环境权益。同代人之间的环境不公平总体上就是不同区域之间人群的环境不公平，包括国际层面、地区层面等，其具体表现形式主要有以下两类：

一是区域间的污染转移。例如，徐嵩龄（1999）指出，发达国家进口发展中国家的原材料，使发展中国家的生态系统遭到严重破坏，从而将不可持续转移到了发展中国家。同样，国内区域间也有污染转移带来的环境不公平问题。例如，朱玉坤（2002）指出，由于中国东西部经济发展的失调，资源收益占有和环境保护负担的不公平问题日益突出。而且在中国城市环境整体上有所改善的同时，环境污染向农村扩散，农村环境状况不断恶化（洪大用，2001；武翠芳等，2009）。

二是区域间污染排放对生态环境系统的影响不公平。许多定量研究都发现了这种环境（不）公平性[①]。例如，在国际层面，Padilla 和 Serrano（2006）的分析表明国家间碳排放的分布严重不平等。类似地，在一国内部不同区域间也有这种类环境不公平的问题，在区域层面也有这样的现象。例如，卢淑华（1994）对本溪市的研究表明，工人和一般干部居住在严重

---

① 目前关于环境（不）公平的定量测度方法也主要是借用经济不公平的测度方法，如基尼系数、Theil 指数和 Atkinson 指数等。其中，使用频率最高的方法当属环境基尼系数，它被广泛应用于衡量不同国家之间（Tol 等，2004；Jacobson 等，2005）、城乡之间（Saboohi，2001）、不同人群之间（Fernandez 等，2005）、不同家庭之间（White，2000）、地区之间（王金南，2006；吴悦颖等，2006；王奇等，2008；陈丁江等，2010；乔丽霞等，2016）的环境（不）公平性。一些学者还综合采用环境基尼系数和环境 Theil 指数（Padilla 和 Serrano，2006；武翠芳等，2008）研究环境（不）公平性问题。环境 Atkinson 指数也得到了应用（White，2007），但频率相对较低。

污染地区的机会要明显高于领导干部。Mitchell 和 Dorling（2003）的估计表明，污染最严重且释放污染物最少的社区是英国最贫穷的地区。

（三）经济公平与环境公平的关系

一方面，从马克思主义的视角出发，人类的经济活动是造成当今生态环境问题的主要原因，因而经济公平与环境公平之间有着十分密切的关系，甚至可以说经济公平决定着环境公平。马克思认为在资本主义社会，资本家就是异化劳动及劳动产品的所有者，他们为了尽可能多地获得异化的劳动产品（剩余价值），会不遗余力地盘剥劳动者，从而连带盘剥自然界。所以马克思说："资本主义生产发展了社会生产过程的技术和结合，只是由于它同时破坏了一切财富的源泉——土地和工人。"① 这句话表明，马克思认为资本主义社会的生产方式是造成生态环境问题的根源。继而，马克思在《德意志意识形态》中指出："人们对自然界的狭隘的关系决定着他们之间的狭隘的关系，而他们之间的狭隘的关系又决定着他们对自然界的狭隘的关系。"② 由此可见，马克思认为隐含在资本主义生产方式中的人与人（资本家和劳动者）之间经济上的不公平关系决定着他们之间环境上的不公平关系。现有学者（钟茂初和闫文娟，2012）也有类似的看法，即"环境不公平问题就是经济不公平问题的转化与延伸"。

另一方面，按照马克思主义的观点，只有在共产主义社会，消灭了一切剥削现象，实现了真正意义上的经济公平，生态环境问题才能最终得以解决，环境公平也才能最终得以实现。马克思认为，在共产主义社会中，"社会化的人，联合起来的生产者，将合理地调节他们和自然之间的物质变换，把它置于他们的共同控制之下，而不让它作为盲目的力量来统治自己；靠消耗最小的力量，在最无愧于和最适合于他们人类本性的条件下来进行这种物质变换。"③ 也就是他在《1844 年经济学哲学手稿》中所阐述的观点："这种共产主义，作为完成了的自然主义=人道主义，而作为完成了的人道主义=自然主义，它是人与自然界之间、人与人之间的矛盾的真正解决，是存在与本质、对象化与自我确证、自由与必然、个体与类之间的斗

---

① 马克思：《资本论》（第一卷），人民出版社 1975 年版。

② 马克思、恩格斯：《马克思恩格斯选集》（第一卷），人民出版社 2012 年版。

③ 马克思：《资本论》（第三卷），人民出版社 1975 年版。

争的真正解决。”①

此外，西方环境经济学也对经济公平与环境公平之间的关系做了理论解释，其中最具影响力的理论假说当属“污染避难所效应”假说。该假说认为，如果地区之间的经济发展程度存在差异，那么经济发达地区对环境质量的要求会较高，从而可能制定更加严厉的环境政策，增加该地区污染型企业的排污成本，因而有可能使这些污染型企业产生搬迁到环境规制宽松而经济相对落后地区的动机。

另一个比较著名的理论假说是“资源诅咒”假说。该假说认为一个国家或地区丰裕的自然资源不仅无助于其经济发展，反而可能将该国家或地区锁定在低端资源开采产业驱动的粗放式发展路径上，并对其经济发展造成负面影响。从“资源诅咒”假说也很容易得到另一个推论，即资源丰裕国家或地区不仅经济增长受资源拖累，同时资源开采带来的生态环境破坏也会比其他地区严重得多。由此可见，“资源诅咒”在加剧经济不公平的同时也将加剧环境不公平。现实中我们也经常能观察到这种现象，即资源开发者或投资开厂者从资源环境中获益巨大，他们往往没有居住在资源环境破坏地区，而资源环境开发地区的民众不仅获益甚微，还要承受资源环境破坏造成的巨大负面影响。

三、为什么效率与公平呼唤绿色发展

为什么效率与公平呼唤绿色发展，或者绿色发展如何体现效率与公平？这主要由效率与公平领域所面临的矛盾所决定。一方面，一些利益群体通过生态环境破坏获取了经济利益，但并未承担相应的生态环境治理责任。而且，被破坏的生态环境对不同群体造成的负面影响也不一致。特别是一些生态环境的破坏者在获取利益的同时，将生态环境退化的负面影响遗留给当地人群，而他们反而可以居住在生态环境质量优良的地区。由此而引起的环境事件近年来也层出不穷。因而，生态环境领域的公平性问题日益凸显，到了不得不解决的地步。另一方面，伴随多年的经济高速增长，中国的生态环境也遭受了巨大的破坏，生态环境约束日益趋紧，在此情形下的发展亟待提高生态环境效率。

---

① 马克思：《马列著作选编》，中共中央党校出版社 2011 年版。

（一）绿色发展是提高效率的必然要求

1. 什么是绿色发展

绿色发展可以简单地定义为经济发展水平在不断提高的同时，生态环境质量也不断改善的发展模式。显然，绿色发展是针对传统经济发展模式提出的一种新型发展模式，它要求经济发展必须以生态环境承载力为约束条件，尊重、顺应和保护自然，朝着节约自然资源和保护环境的方式转变。

从绿色发展的内涵出发，凡是有利于同时改善经济发展水平和生态环境质量的发展行为，都可以称为绿色发展。具体地，绿色发展可分为两大方面。一是所有围绕资源、环境效率的改善而采取的生产方式和生活方式的变革行为，包括生产技术、工艺和相关设备的革新或更新、产业结构的优化调整、区域经济格局的总体协调、生活用品和相关设备的使用以及生活习惯的转变等。理论上，循环发展和低碳发展应属于上述类型的绿色发展。二是直接为保护和改善生态环境质量所采取的行动，如设立生态保护区、植树造林、治理水土流失和土地沙化等各种生态问题，来降低或消除各种环境污染物。

2. 绿色发展能直接且有效地改善环境效率

绿色发展提出在生产、流通、仓储、消费各环节落实全面节约，相关的一系列举措能够直接有效地改善环境效率。其中，绿色发展在生产方面强调推进传统制造业绿色改造，推动建立绿色低碳循环发展产业体系，鼓励企业工艺技术装备更新改造。具体措施包括推进能源革命，加快能源技术创新，建设清洁低碳、安全高效的现代能源体系；加强高能耗行业能耗管控，有效控制电力、钢铁、建材、化工等重点行业碳排放；推行企业循环式生产、产业循环式组合、园区循环式改造，减少单位产出物质消耗；加强生活垃圾分类回收和再生资源回收的衔接，推进生产系统和生活系统循环链接；实行能源和水资源消耗、建设用地等总量和强度双控行动。在生活方面，绿色发展也提出了深入开展反过度包装、反食品浪费、反过度消费行动，推动形成勤俭节约社会风尚的要求。这些举措能够有效地降低单位产出的资源投入量和污染排放量，从而有效地改善环境效率。

3. 绿色发展通过改善环境效率而改善经济效率

如前所述，由于环境效率就是经济效率的一种形式，因而绿色发展直接改善环境效率，也就是直接提高经济效率，从而也是发展生产力。这正如习近平同志所指出的："保护生态环境就是保护生产力，改善生态环境就是发展生产力。"同时，改善环境效率还能间接改善经济效率和发展生产力。一方面，生态环境的破坏还会产生巨大的难以估量的社会成本和经济成本，减少生态环境的破坏就是降低发展的成本。改善环境效率就能降低单位产出的生态环境破坏程度，降低相应的成本，从而改善总的经济效率。另一方面，良好的生态环境有利于提高劳动者的生产力，从而促进经济效率的改善。因此，绿色发展在改善环境效率的同时，也就改善了人类的生产力，提高了经济效率。

（二）绿色发展是改善公平的重要途径

环境不公平问题产生的根本原因之一是人类经济活动带来的生态环境破坏。由此产生的积极影响（经济利益）和负面影响（如健康损害）以不平等的方式在不同人群中分配。在以生态环境为代价的经济发展模式下，经济规模越大，生态环境破坏及由此带来的环境不公平很有可能越严重。因此，必须改变原有粗放的经济发展模式，大力实施绿色发展战略，才能从根本上缓解环境不公平问题并促进经济公平性。

1. 绿色发展目标体现环境公平并有助于促进经济公平

绿色发展的核心目标是改善生态环境质量，借此既能有效解决环境不公平问题，同时也能促进经济公平。如前所述，环境公平最基本的内涵，即所有人都应当享受良好的生态环境且拥有不受恶劣生态环境影响的权利。要保证所有人都享有良好的生态环境，其前提条件就是要有足够多的优良的生态环境，否则总会有一部分人被隔离在优良生态环境之外，并被恶劣生态环境影响。生活在优良生态环境中的人越多，则环境公平程度越高。不过，在粗放的经济发展模式下，良好的生态环境不仅不能自动增加，反而会遭受破坏甚而逐渐减少，继而演变为恶劣的生态环境。要创造良好的生态环境，政府必须通过加强环境规制等多种手段，引导经济发展方式转变，继而改善生态环境质量。因而，良好的生态环境质量具有公平产品的性质，正如习近平同志所指出的"良好的生态环境是最公平的公共产品，是最普惠的民生福祉"。绿色发展的核心就是改善生态环境质量，"为人民提供更多优质生态产品"，因而绿色发展也是解决环境不公平问题的根本途径。同时，生态环境优势能够逐渐转化为竞争优势（如发展旅游业和相关绿色产业），从而促进生态环境良好但目前经济欠发达地区的经济发展，改善区域间的经济公平性。

2. 兼顾环境公平与经济公平的绿色发展制度

绿色发展要求的一系列制度改革同样有助于同时促进环境公平与经济公平。环境公平的另一个基本内涵是各类人群公平地承担生态环境保护的义务，绿色发展主要从如下三方面反映了环境公平的上述内涵：首先，绿色发展在生态环境保护方面对生产者和消费者都提出了要求，它既强调绿色清洁生产，又强调绿色消费和绿色生活方式。其次，绿色发展通过制度建设对相关群体保护生态环境的行为加以经济补偿。例如，绿色发展提出要加大生态转移支付力度，建立生态补偿机制，建立健全用能权、用水权、排污权、碳排放权初始分配及市场交易制度。最后，绿色发展提出建立领导干部自然资源资产离任审计、差异化绩效考核等要求，强化了生态环境保护的行政考核措施，进一步明确了地方官员的生态环保职责，也促进了不同任期地方官员之间的环境公平。与此同时，绿色发展通过上述一系列制度设计调整不同群体与生态环境相关的责、权、利关系，从而也能有效地促进经济公平。例如，生态转移支付和生态补偿机制能够将生态受益者的部分收入转移给生态保护者，从而有助于促进两个群体的经济公平。

（三）效率与公平在绿色发展中的统一

许多学者对经济公平与经济效率的对立统一性进行了理论阐述（蔡昉，2005；邓子基，2006；张宇，2006；贾高建，2008；卫兴华和侯为民，2008），一些实证研究（杨汝岱和朱诗娥，2007）也表明经济公平与效率之间具有统一性。这些研究表明，无论是机会公平、规则公平还是分配公平都有助于促进经济效率的改善，这些公平政策本身也是效率政策。类似地，环境效率与环境公平也具有统一性，绿色发展的相关要求和政策就充分体现了两者的统一性。

一方面，环境效率与环境公平在绿色发展中具有统一性。如前所述，绿色发展的核心目标是改善生态环境质量，从而为人民提供最具公平性的公共产品。显然，生态环境质量的改善离不开环境效率的提高，因而总体来说，环境效率与环境公平具有较高的统一性，改善环境效率十分有助于促进环境公平。这与做大“经济蛋糕”有利于公平分配“经济蛋糕”的道理类似。与此同时，环境公平政策也有利于改善环境效率。首先，环境公平政策要求各类经济主体（生产者与消费者、不同任期的行政领导）都承担各自的环境责任，这有利于全方位地促进各类经济主体的环境效率。其次，一些重要的环境公平政策，如生态补偿制度，也有利于促进生态环境作为一种生产要素的有效配置，因而有利于改善环境效率。最后，从公平性出发的资源环境税费等政策措施，将外部性的环境污染成本内部化为排污者的成本，这既促进了环境公平，又有利于激励相关经济主体改善环境效率以节约成本。此外，还有一些环境政策兼顾了效率性与公平性。例如，排污权市场交易制度，既强调排污权分配阶段的公平性以及交易的公平性，从而有助于促进经济主体之间的环境公平，同时也能以较低的成本控制污染排放，提高环境效率。

另一方面，环境效率与环境公平在绿色发展中的统一性还有待进一步提高，甚至要防止其潜在矛盾的加剧。例如，绿色发展的一项重要内容是建立健全用能权、用水权、排污权、碳排放权初始分配制度，以实现总量控制下资源环境的公平、有效配置，但其中也存在环境效率与环境公平冲突的隐患。从经济公平的角度出发，中央在环境容量分配（如主要污染物减排量）方面给经济欠发达地区预留了相对较大的空间，并以此促进区域间在环境容量使用上的公平性。不过，这有可能影响总体环境效率的改善，因为经济发达地区的污染减排成本远高于经济欠发达地区，如果经济发达地区承担更多的污染减排任务，那么全国的污染减排成本显然会相对较大，从而影响环境效率。同时，从享受良好生态环境的角度出发，上述政策也有可能影响总体的环境公平性。因为，经济欠发达地区有较多的环境容量可用，经济发达地区的污染型产业就有可能把经济欠发达地区当作污染避难所而迁入这些地区，这就有可能进一步加剧经济发达地区和欠发达地区环境质量的差距，从而在环境影响的维度上加剧地区间的环境不公平性。

四、本书主要内容

由于绿色发展的内涵十分丰富，难以从各个方面探讨公平、效率与绿色发展的关系，因而本书仅从如下两方面探讨若干典型绿色发展政策及其与公平、效率的关系。本书的内容可分为上篇和下篇。上篇讨论若干绿色发展政策及其对经济—环境公平与效率的影响。下篇就如何改善区域绿色发展政策的公平性和有效性展开分析和讨论。

上篇由第一章至第四章构成。第一章旨在从绿色政策条文入手，梳理近年来特别是中共十八大以来中国的绿色发展政策体系，总结其特征、局限性和趋势，为进一步完善该政策体系提供参考。目前，中国的绿色发展政策可按具体领域粗略划分为水、土壤、大气、能源和生态五个方面，其中大气质量相关的政策最多，水资源领域的政策次之。绿色发展的政策手段也逐渐呈现出多样化特征，包含了行政、经济、法律以及教育等各类措施。近年来，中国通过大力实施各类绿色发展政策也取得了明显成效，不过绿色发展政策仍处于初级阶段，还不太适应经济体制改革的大趋势，特别是经济手段的实施力度还不够。

绿色发展政策是否能同时改善环境公平（效率）与经济公平（效率），这是政策制定者决定是否采取一项政策的关键依据，也是决定一项政策的可接受程度的重要因素。本书第二章基于历史数据考察了随着绿色政策实施带来的国内环境规制强度提升对中国参与国际分工的影响。第三章和第四章分别基于可计算一般均衡（CGE）模型考察了天然气价格改革和碳税对于环境与经济的影响，尽管这两项政策措施尚未实施，但这两章的研究内容能够为中国未来推出这两项政策措施提供参考依据。

第二章采用面板数据模型测算了中国 35 个行业的环境规制和垂直专业化水平，继而分别建立了静态模型和动态模型，实证分析了国内环境规制对垂直专业化分工的影响。研究结果表明，严格的国内环境规制短期内将提高污染密集型行业的生产成本，加深其国际垂直专业化分工程度；长期内将提高其生产率，降低其垂直专业化分工程度。环境规制对清洁型行业的垂直专业化分工抑制作用更大，可考虑对清洁型行业采取较宽松的环境规制政策，推动其参与产品内分工，融入国际垂直专业化分工体系。

第三章通过模拟天然气价格改革的环境和经济影响，发现取消天然气行业的政府管制，采取市场化定价机制不仅有助于促进雾霾治理、提升环境公平，同时也能增加居民收入和福利。这些发现有着丰富的政策含义。一方面，要破除政府对天然气开采业的不合理干预，推动该产业的市场化进程；着力解决垄断企业对天然气资源“圈而不探”的问题；同时要鼓励支持社会资本进入页岩气、煤层气等非常规天然气开采业领域。另一方面，要分离天然气开采、运输及销售环节，以力避天然气供应企业的纵向一体化。

第四章模拟了碳税对中国能耗、碳排放和进出口贸易的影响，发现碳税在微弱影响经济增长和贸易总量增长的同时，能够大幅度降低能耗和碳排放。同时，碳税将使出口中碳密集型产品显著下降，而劳动密集型和技术密集型产品显著上升。碳税对进口结构的影响则正好相反。因此，碳税有助于优化中国的进出口贸易结构，而不至于对中国的贸易竞争力产生显著的不良影响。这些发现意味着，中国可以考虑在近期内实施碳税试点，继而加以推广。

下篇由第五章至第九章构成。第五章运用空间计量方法，特别探讨中国31个省、市、自治区本地与异地之间雾霾污染的交互影响，发现产业转移加深了地区间经济与污染的空间联动性，而污染水平主要受能源结构以及产业结构的影响。同时，由于污染溢出效应显著，因而经济发达地区通过产业转移只能短暂地改善本地区的环境质量。鉴于上述原因，各区域的产业结构调整需要加强与其他区域的协调、合作，更需要中央政府从全局出发，合理引导地区产业发展规划，从而形成区域协同治理雾霾的有效机制。

第六章基于数据包络分析法测算了中国各省的碳排放效率，继而采用构建空间动态面板数据模型，估计了省际出口贸易以及经济发展、开放度、能源、技术等对碳排放效率的影响。计量分析结果表明，中国省际碳排放效率存在显著的区域差异性和区域互动性，碳排放效率与省际出口规模之间大致呈现倒U型曲线关系，经济发展水平有助于改善碳排放效率，而工业比重、外商直接投资、能源强度与碳排放效率呈负相关。因此，转变贸易发展方式、推进新型工业化、优化能源结构以及开展区域合作是提高中国省级碳排放效率的重要途径。

第七章采用对数均值指数方法构建了中国碳排放的空间分解模型，并基于省级数据研究了中国碳排放的影响因素。研究发现，除经济规模和能源结构变化外，近年来，中西部地区省份经济的快速增长推动了中国的碳排放，因为这些地区的碳排放强度相对较高。不过，能源强度、产业结构有效地抑制了碳排放增长。同时，各种因素对不同省份的碳排放影响也存在显著差异。因而，各省市（区）应当根据自身情况制定相应的碳减排战略，一些地区应着力改善能源效率，另一些地区应加强产业结构以及能源结构的调整。

区域间的环境污染互动不仅限于大气污染，同样存在于水污染领域。第八章运用最小二乘法和最邻近匹配方法检验了行政边界对河流污染程度的影响，即河流污染的“边界效应”，并利用双重差分法检验了减排政策对“边界效应”的改善作用。研究结果表明，中国确实存在显著的河流污染“边界效应”，而“十一五”以来大力实施的节能减排政策能够明显减缓上述“边界效应”。上述结果意味着，在地方政府考核体系中，应弱化经济增长考核而强化环境质量考核，同时应鼓励区域间的环境治理合作，完善生态补偿机制。

此外，中国的污染差异和污染互动不仅存在于不同的行政区域之间，也广泛存在于城乡之间。中国环境保护领域长期存在着“重城镇、轻农村”的问题，这不仅不利于促进环境公平，也不利于改善环境效率和经济效率。第九章在分析我国城乡工业格局变迁的基础上，发现大量污染产业已经或正在从城镇地区向农村地区转移，大量污染性企业处在环境监管体系之外，其产生的严重污染正在农村地区肆意蔓延。因此，大力整治农村地区的工业企业排污行为，强化农村地区的环保能力是当前中国改善环境公平与效率的必由之路。

参考文献

蔡守秋：《环境公平与环境民主——三论环境资源法学的基本理念》，《河海大学学报》（哲学社会科学版），2005 年第 3 期。

蔡昉：《兼顾公平与效率的发展战略选择》，《学习时报》，2005 年 7 月 11 日。

曹海英：《公平原则的环境伦理学阐释》，《北京林业大学学报》（社会科学版），2002 年第 4 期。

陈丁江、吕军、沈晔娜：《区域间水环境容量多目标公平分配的水环境基尼系数法》，《环境污染与防治》，2010 年第 1 期。

邓子基：《论“效率优先、注重公平”原则》，《财政研究》，2006 年第 12 期。

贾高建：《公平与效率问题上的三个误区》，《理论导报》，2008 年第 5 期。

洪大用：《当代中国环境公平问题的三种表现》，《江苏社会科学》，2001 年第 3 期。

洪大用：《环境公平：环境问题的社会学视点》，《浙江学刊》，2001 年第 4 期。

卢淑华：《城市生态环境问题的社会学研究——本溪市的环境污染与居民的区位分布》，《社会学研究》，1994 年第 6 期。

乔丽霞、王斌、张琪：《基于基尼系数对中国区域环境公平的研究》，《统计与决策》，2016 年第 8 期。

汪克亮、孟祥瑞、杨力等：《我国主要工业省区大气污染排放效率的地区差异、变化趋势与成因分解》，《中国环境科学》，2017年第3期。

王连芬、戴裕杰：《中国各省环境效率及环境效率幻觉分析》，《中国人口·资源与环境》，2017年第2期。

王奇、陈小鹭、李菁：《以二氧化硫排放分析我国环境公平状况的定量评估及其影响因素》，《中国人口·资源与环境》，2008年第5期。

王金南、逯元唐、周劲松、李勇、曹东：《基于GDP的中国资源环境基尼系数分析》，《中国环境科学》，2006年第26卷第1期。

卫兴华、侯为民：《在科学发展观下坚持效率和公平的统一》，《经济学家》，2008年第3期。

文同爱、李寅铨：《环境公平、环境效率及其与可持续发展的关系》，《中国人口·资源与环境》，2003年第4期。

武翠芳、徐中民：《黑河流域生态足迹空间差异分析》，《干旱区地理》，2008年第6期。

武翠芳、姚志春、李玉文、钟方雷：《环境公平研究进展综述》，《地球科学进展》，2009年第11期。

吴悦颖、李云生、刘伟江：《基于公平性的水污染物总量分配评估方法研究》，《环境科学研究》，2006年第2期。

徐嵩龄：《试论国际环境条法中的公平与效率原则：兼评全球CO_2减排规则》，《数量经济技术经济研究》，1999年第4期。

杨汝岱、朱诗娥：《公平与效率不可兼得吗？——基于居民边际消费倾向的研究》，《经济研究》，2007年第5期。

尹传斌、朱方明、邓玲：《西部大开发十五年环境效率评价及其影响因素分析》，《中国人口·资源与环境》，2017年第3期。

张长元：《环境公平释义》，《中南工学院学报》，1999年第3期。

张宇：《马克思的公平理论与社会主义市场经济中的公平原则》，《教学与研究》，2006年第2期。

钟茂初、闫文娟：《环境公平问题既有研究述评及研究框架思考》，《中国人口·资源与环境》，2012年第6期。

朱玉坤：《西部大开发与环境公平》，《青海社会科学》，2002年第6期。

Fernandez E., Saini R. P., Devadas V., "Relative Inequality in Energy Resource Consumption: A Case of Kanvashram Village, Pauri Garhwal District, Uttranchall (India) ", Renewable Energy, Vol. 30, 2005.

Huppes Gjalt and Ishikawa Masanobu , "Eco-efficiency and Its Terminology", *Journal of Industrial Ecology*, Vol. 9, 2005.

Jacobson A., Milman A. D., Kammen D. M. , "Letting the (energy) Gini out of the Bottle: Lorenz Curves of Cumulative Electricity Consumption and Gini Coefficients as Metrics of Energy Distribution and Equity," *Energy Policy*, Vol. 33, 2005.

Jollands Nigel, Jonathan Lermit, Murray Patterson , "Aggregate Eco-efficiency Indices for New Zealand—A Principal Components Analysis", *Journal of Environmental Management*, Vol. 73, 2004.

Kicherer A., Schaltegger S., Tschochohei H. and Ferreira Pozo B.,"Eco-efficiency: Combining Life Cycle Assessment and Life Cycle Costs via Normalization", *Life Cycle Management*, Vol. 12, 2007.

Padilla Emilio, Serrano Alfredo, "Inequality in CO_2 Emissions across Countries and its Relationship with Income Inequality: A Distributive Approach", *Energy Policy*, Vol. 34, 2006.

Scandrett E., McBride G., Dunion K., " The Campaign for Environmental Justice in Scotland", *Local Environment*, Vol. 5, 2000.

Saboohi Y., " An Evaluation of the Impact of Reducing Energy Subsidies on Living Expenses of Households", *Energy Policy*, Vol. 29, 2001.

Schaltegger S., Sturm A.,"Ökologische Rationalität", Die Unternehmung, Vol. 4, 1990.

Stretesky P., Hogan M. J., " Environmental Justice: An Analysis of Superfund Sites in Florida", *Social Problems*, Vol. 45, 1998.

Tol R. S. J., Downing T. E., Kuik O. J., et al.," Distributional Aspects of Climate Change Impacts", *Global Environmental Change Part A*, Vol. 14, 2004.

WBCSD., " Measuring Eco-efficiency—A Guide to Reporting Company Performance", Geneva: WBCSD, 2001.

White T.,"Diet and the Distribution of Environmental Impact", *Ecological Economics*, Vol. 34, 2000.

White T.," Sharing Resources: The Global Distribution of the Ecological Footprint", *Ecological Ecomonics*, Vol. 64, 2007.

上篇　绿色发展政策及其对公平、效率的影响

第一章

中国绿色发展政策概述

绿色发展作为中国中长期的发展理念之一，其正式提出是在中共十八届五中全会，但此前中国早已在绿色发展方面进行了长足的实践。中共十六大以来，在总结过去发展经验教训的基础上提出的科学发展观，特别是中共十八大提出的生态文明建设理论，都蕴含了绿色发展理念。从政策层面来看，节能减排作为约束性指标首次纳入“十一五”国家发展规划，是绿色发展的一个重要标志性事件。这一事件全面提升了社会各界的生态环保意识，有力地促进了中国绿色发展政策体系的建立和完善。

特别是中共十八大以来，我国绿色发展政策的推出频率进一步加快，政策制定也从单一部门拟定逐渐向多部门联合制定过渡。目前，中国已经形成一套完备的绿色发展政策体系，主要覆盖五大领域：大气污染防治与温室气体减排、水资源与水环境、土壤污染防治与土壤修复、能源及其他矿产资源和生态建设。总体上，中国绿色发展政策中，与大气质量相关的政策最多，水资源领域的政策次之，生态建设领域的政策则在最近几年才逐渐引起重视。当然，还有相当多的政策属于综合性绿色发展政策，它们覆盖了上述五大领域中的至少两个领域。

绿色发展的政策手段也逐渐呈现出多样化特征。行政命令手段过去一直是中国绿色发展政策的主要手段，“十一五”期间（2006~2010 年），中国的绿色发展政策仍以命令控制型工具和行政法规为主。“十二五”期间（2011~2015 年），在完善命令控制型工具的同时，基于市场机制的绿色发展政策工具层出不穷，相关资源领域法律体系也得以大范围改革，以适应经济建设和城镇化推进的新形势要求（王海芹和高世楫，2016）。“十三五”

以来，经济手段进一步被大力倡导，越来越受重视，其中又以专项补贴以及税费改革为主。不过，教育和法律层面的手段相对比较薄弱。

一、大气污染防治与温室气体减排政策

大气领域的整治重点有两个：一是大气污染防治，二是控制温室气体排放。两者在手段措施方面高度重合，因此在这里不做细分，将它们划分为同一大类绿色发展政策。

（一）经济手段

国家层面的大气污染防治经济手段主要包括财税补贴、信贷投入、价格改革等宏观调控手段以及生态补偿、排污交易市场等专门调控机制。部委层面主要是有利于资源节约和环境保护的产业政策、给予资源综合利用企业所得税优惠、利用价格政策、调整企业行为、将环境污染纳入消费税考虑范围、用于治污的环境保护专项资金政策以及排污收费制度等。地方层面则主要围绕具体项目争取中央和部委的政策支持，同时也根据地方特点出台一些相应的地方经济政策。

1. 财政措施

最具代表性的财政措施是设置节能减排专项基金。为了支持节能减排项目，从源头防治大气污染，国家设立了该项基金。其中，节能资金重点用于对节能技术改造、淘汰落后产能和节能环保产品的推广上。减排资金重点用于污染物减排指标、监测和考核体系建设，以及奖励具有突出成绩的企业。“十一五”时期，专项基金主要由中央财政资金投入，支持企业技术改造，以及新能源汽车的推广。“十二五”时期，在扩大中央财政资金投入的同时，开始注重发挥国有资金的引领作用，积极拓宽筹资渠道，吸引社会资金流入，推进节能环保资金优化整合。这一时期主要支持减排重点工程建设、城镇供暖改造以及相关科研项目。“十三五”以来，更加注重对节能减排资金进行统筹安排，并扩大项目试点工作。同时，建立和完善节能减排奖惩机制，根据各省市大气污染防治和节能考核结果安排防治专项资金。

2. 税费改革

一是在交通领域实施结构性减税/增税政策，针对符合相关减排规定的企业和个人进行企业所得税、车辆购置税、汽车消费税减免，提高车用含

铅汽油的消费税税率，实施煤炭等资源税从价计征改革。二是加快推进环境保护费改税，包括实施和完善排污收费制度，实施成品油税费改革，完善“两高”行业产品出口退税政策和资源综合利用税收政策。

3. 信贷支持

2015年，《国务院关于研究处理大气污染防治法执法检查报告及审议意见情况的反馈报告》提出要逐步加大对节能减排的信贷支持。金融机构要进行对节能减排技术改造的信贷支持，积极提供融资、债券发行服务，开展环境责任保险试点，促进低碳产业发展的金融支持和配套服务工作。此外，国家鼓励依靠企业自筹、金融机构贷款、社会资金投入、国际金融组织和外国政府优惠贷款来支持节能工程。

4. 价格改革

价格改革旨在积极推行激励与约束并举的污染减排新机制。与大气污染防治相关的价格改革主要集中在电价领域，出台了《可再生能源电价补贴和配额交易方案》，以及脱硫优惠电价等经济激励政策。全面落实脱硫电价政策，推进火电厂烟气脱硝加价政策。

5. 产业政策

有关大气污染防治及温室气体减排的产业政策主要是进行产业结构调整，优化城市产业布局。对重污染企业实施搬迁改造，积极推动燃煤锅炉清洁能源改造，建立更加严格的环境准入制度，设立落后产能退出机制。

6. 生态补偿机制

加快建立生态补偿机制，健全污染者付费制度，探索建立国家生态补偿专项资金。开展环境污染强制责任保险试点，制定突发环境事件调查处理办法。研究制定生态补偿条例。本着“谁污染、谁负责，多排放、多负担，节能减排得收益、获补偿”的原则，积极推行激励与约束并举的节能减排新机制。

7. 排污交易机制

2011年以来，国家选取北京、天津、上海、广东、深圳、重庆、湖北七个省市开展碳排放权交易试点工作。2013年以来，这些试点地区已陆续建成碳排放交易体系并开展市场交易。国家发展和改革委员会已经决定在总结上述试点地区经验的基础上，于2017年建成全国碳排放交易市场，并逐步与国际碳排放交易市场接轨。

（二）行政手段

“十一五”时期以来，最具标志性的大气污染防控和温室气体减排行政措施就是国家制定的大气污染减排和碳排放强度及总量控制目标。例如，根据“十三五”规划的要求，在“十三五”期间单位GDP碳排放总量、二氧化硫排放总量和氮氧化物排放总量要分别下降18%、15%和15%；同时，要求地级及以上城市空气质量优良天数比例在2020年要达到80%以上，PM2. 5未达标地级及以上城市浓度下降18%。又如，根据《中美气候变化联合声明》，中国宣布将在2030年左右达到碳排放峰值，并争取提前实现。上述目标还被进一步分解到中国的各省区市。

为了实现上述目标，很多配套性的行政措施也纷纷出台。“十一五”期间主要配套措施是淘汰落后产能项目，加快燃煤电厂脱硫设施建设，严格控制钢铁、冶炼等高耗能企业数量。“十二五”期间的主要配套措施是脱硫脱硝同步进行，建立规范排放标准和产品认证制度；建立健全区域大气污染联防机制，强化重点行业污染控制（针对水泥、建材、农业出台了相关方案）；成立领导小组加强对专项基金的使用监督。“十三五”以来的主要配套行政手段就是强化排污者的主体责任，以形成政府、企业、公众共治的环境治理体系。

值得一提的是，2016年中共中央办公厅、国务院办公厅印发的《关于省以下环保机构监测监察执法垂直管理制度改革试点工作的指导意见》，要求到2020年县级环保局调整为市级环保局的派出分局，由市级环保局直接管理；市级环保局实行以省级环保厅（局）为主的双重管理（仍为市级政府工作部门）。这意味着省级环保机构与从前相比具有更大的环保监管权力，能够更大限度地减少市级行政机构对其生态环境保护行动的干预。这一行政改革是包括大气污染防治和温室气体减排在内的整个绿色发展领域的重大行政改革。

（三）法律与教育手段

目前，中国大气污染防治的主要法律依据是《大气污染防治法》。中共十八大以来，随着2013年大气污染防治计划的出台，一系列指导性的司法解释也应运而生。比如，环保部发布五项污染物排放新国家标准。不过，大气领域的法律连续性不强，相关条例仍不健全，各地在研究制定辖区管理法规时，并没有相似的经验借鉴。尽管如此，很多地方做了很多创新性的研究。例如，北京地区率先开始执行第五阶段机动车排放标准，重污染日实施单双号限行，启动大气污染应急响应机制。

有关大气污染防治的教育手段在中共十八大以后逐渐加强，主要包括以全民行动为主题，面对高校、企业、社会公众、农村的一系列宣传教育活动。例如，一些高校建设了国家生态环境教育平台，引导公众践行绿色简约的生活和低碳休闲模式。相关政府部门选定一批“节能减排学校行动主题教育活动”试点高校，开展大气污染/减排精品资源课程安排要求小学、中学、高等学校、职业学校、培训机构等将生态文明教育纳入教学内容。针对社会大众，一方面是进行创作激励，鼓励生态文化作品创作；另一方面是利用新闻媒体等工具，组织做好全国节能宣传周、世界环境日、全国低碳日等主题宣传活动，鼓励购买节能汽车，倡导文明、节约、绿色、低碳的生产方式、消费模式和生活习惯。

二、水资源与水环境政策

水领域的绿色发展主要包括水污染治理和节约用水两个方面。“十一五”期间，水资源治理主要以行政手段为主，推广节水用具，推广清洁生产，开征污水处理费，从末端治理逐步转变为源头治理。“十二五”期间，经济手段逐渐兴起，强化对水资源的有偿使用，实行污染物排放总量控制。“十三五”期间则大力推举经济手段，实行水价变革，尝试编制自然资源负债表，并实施了全民节能行动计划。国家层面的主要政策措施包括实行排污许可证制度，多渠道筹措资金，推行居民阶梯水价制度。地方层面与水相关的绿色发展政策也逐渐完善起来。

（一）经济手段

“十二五”以来，国家逐渐强调和强化了水资源有偿使用，强调建立健全用水权初始分配制度，创新有偿使用、预算管理、投融资机制，培育和发展交易市场。2015 年，《国务院关于印发水污染防治行动计划的通知》强调要理顺与水相关的价格税费，促进多元融资，建立激励机制（如推行绿色信贷和实施跨界水环境补偿），全面实行排污许可证制度。

1. 财政政策

2006 年，《国务院关于丹江口库区及上游水污染防治和水土保持“十二五”规划》的批复中提到认真落实水污染防治和水土保持建设资金，从中央补助、地方自筹和社会融资等多渠道筹措资金。2013年出台的《库区及上游水污染防治和水土保持“十二五”规划实施考核办法》还针对配套资金使用规定了相应的考核机制。

2. 价格政策

水价格政策旨在运用市场机制推进污染治理，切实提高水污染防治能力[①]。2015年，《国务院关于印发水污染防治行动计划的通知》中要求，要求县级及以上城市应于2015年底前全面实行居民阶梯水价制度，具备条件的建制镇也要积极推进。2020年底前，全面实行非居民用水超定额、超计划累进加价制度，深入推进农业水价综合改革。2016年，国务院在印发《“十三五”节能减排综合工作方案》中再次提到要实行超定额用水累进加价制度，全面推行居民阶梯水价制度，并鼓励各地制定差别化排污收费政策。

3. 税费政策

税收政策包括两方面：一是征税，即按照国家排放污染物标准，征收排污费（污水、废气和固体废弃物）和资源税。二是实行税收优惠政策。首先，对节能环保产业（或三废产品利用）实行增值税和企业所得税减免[②]，营业税优惠。其次，对于三高产品（高耗能、高污染、资源性）进行出口退税。再次，对特定环保类设备实行接口环节税收优惠。最后，工矿企业用自筹资金和环境保护补助资金治理污染的工程项目，以及因污染搬迁另建的项目，免征建筑税。

4. 产业政策

产业政策旨在推动经济结构转型升级，优化城市产业布局，限制高排放、高耗能行业盲目扩张。主要措施包括建立更加严格的环境准入制度，设立落后产能退出机制；对于用水量大的企业进行重点整治，对部分行业进行清理和产业调整，对于用水量大的企业进行重点整治，对部分行业进行清理。

此外，经济手段也成为不少地区水资源管理和水污染防治的重要措施。例如，北京市在多个文件中提及要依法落实环境保护、节水、资源综合利

① 2006年出台《国务院关于当前水环境形势和水污染防治工作的报告》。

② 2008年出台《财政部、国家税务总局、国家发展改革委关于公布节能节水专用设备企业所得税优惠目录（2008年版）和环境保护专用设备企业所得税优惠目录（2008年版）的通知》。

用等方面的税收优惠政策。研究建立排污收费标准动态调整机制，在水价改革方面做得较为完善，涉及了再生水利用方面。但在其他税收、信贷细则规定方面提及得较少。

（二）行政手段

"十一五"以来，中央政府将水资源利用效率改善以及主要水污染排放总量减排也作为约束性指标纳入国家发展规划。例如，"十三五"规划要求"十三五"期间化学需氧量以及氨氮排放总量要下降10%，而万元GDP用水量则要下降23%；同时地表水好于Ⅲ类水体比例在2020年要超过80%，而利于Ⅴ类水体比例要低于5%。与上述目标相关的主要行政措施有以下几个方面：①全面控制污染物排放，抓工业污染防治，强化城镇生活污染治理，推进农业农村污染防治，加强船舶港口污染控制。②着力节约保护水资源，主要途径包括严格实行用水总量控制，加强用水效率控制红线管理，加强水资源开发利用控制红线管理，科学保护水资源。③严格环境执法监管，主要包括完善法规标准以及完善水环境监测网络。④切实加强水环境管理，强化环境质量目标管理，包括深化污染物排放总量控制、加强水功能区限制纳污红线管理、严格控制入河湖排污总量、严格环境风险控制。⑤全力保障水生态环境安全，包括保障饮用水水源安全、深化重点流域污染防治、加强近岸海域环境保护、整治城市黑臭水体、保护水和湿地生态系统、保护海洋生态。⑥强化地方政府水环境保护责任，包括加强部门协调联动、落实排污单位主体责任、严格目标任务考核。⑦强化公众参与和社会监督，包括公开环境信息、加强社会监督、构建全民行动格局。

各大部委则在国家政策的引导下，做了很多细则规定，出台了一系列更为严格的标准和更为严厉的监管措施。在水污染治理方面，主要是加强重点领域重点治理。例如，把"三河两湖一池"（淮河、海河、辽河、太湖、巢湖、滇池），以及南水北调水源地及沿线、黄河小浪底水库及上游、松花江等列入流域污染防治重点，制订综合规划或专项规划。同时，水利部等九部门2016年还印发了《"十三五"实行最严格水资源管理制度考核工作实施方案》的通知，是迄今为止最严格的水资源管理制度考核工作实施方案。在水资源管理方面，重点仍然是强调节约用水，重要措施包括提高用水的重复率（包括中水回用），提高用水的生态效益率，提高节水工作的技术含量，提高用水的传输效率等。

（三）法律手段

中国与水相关法律的发展历程大致可以分为以下三个阶段：第一阶段是以污染末端治理思想为主的环境保护立法时期。与水环境保护相关的最早的法律文件是 1989 年召开的第三次全国环境保护会议确立的环境保护“三大政策”和“八大制度”[①]。同年出台的《中华人民共和国环境保护法》为水环境保护提供了更强有力的法律依据。相关法律条文如附录二所示。

第二阶段是体现清洁生产与“三个转变”思想的萌芽时期。1994 年，国务院发布的《中国世纪议程》直接促成了中国环保战略和污染控制战略的转变。随后相关的法律法规有了较大的变动，包括《水污染防治法》在内的一系列资源环境法律法规先后修订出台。

第三阶段是真正体现清洁生产思想时期与循环经济立法的尝试时期。2002 年，《中华人民共和国清洁生产促进法》[②] 通过，标志着从末端治理向清洁生产思想的真正转变。我国于 2002 年修订了《中华人民共和国水法》，增加了用水总量控制和定额管理制度，制定了供水价格等条款。2008 年，我国对《水污染防治法》进行了修订和完善，但对农村的水污染防治没有给予足够的重视。

（四）教育手段

从 2015 年颁布的《国务院关于印发水污染防治行动计划的通知》来看，与水相关的教育宣传手段主要包括以下三个方面：

（1）依法公开环境信息。根据达标情况取消或新增其环境保护模范城市、生态文明建设示范区、节水型城市、园林城市、卫生城市等荣誉称号，并向社会公告。

（2）加强社会监督。为公众、社会组织提供水污染防治法规培训和咨询，邀请其全程参与重要环保执法行动和重大水污染事件调查。公开曝光环境违法典型案件。健全举报制度，充分发挥“12369”环保举报热线和网络平台作用。通过公开听证、网络征集等形式，充分听取公众对重大决策和建设项目的意见和建议。积极推行环境公益诉讼。

---

① 即“预防为主、防治结合”“谁污染谁治理”“强化环境管理”的三大政策和“环境影响评价制度”“三同时制度”“排污收费制度”“环境保护目标责任制度”“城市环境综合整治定量考核制度”“排污申报登记与许可证制度”“限制治理制度”和“污染集中控制制度”八项制度。

② 该法于 2012 年进行了修订。

（3）构建全民行动格局。加强宣传教育，把水资源、水环境保护和水情知识纳入国民教育体系，提高公众对经济社会发展和环境保护客观规律的认识。依托教育社会实践基地，开展环保社会实践活动。支持民间环保机构、志愿者开展工作。倡导绿色消费新风尚，开展环保社区、学校、家庭等群众性创建活动，推动节约用水，鼓励购买使用节水产品和环境标志产品。实施全民节能行动计划，实施重点用能单位“百千万”行动和节能志愿活动，实施全民节水行动计划。倡导勤俭节约的生活方式，推广城市自行车和公共交通等绿色出行服务系统。限制一次性用品使用。

三、土壤资源与土壤污染领域

中国的环境保护政策在发展中长期关注的重点是水和空气污染，20世纪90年代以来，随着土壤污染导致的农产品安全等问题持续暴露，土壤保护问题才开始真正受到重视（韩冬梅和金书秦，2014）。国土资源部土地整治中心（2015）出版的《土地整治蓝皮书：中国土地整治发展研究报告（No.2）》指出，在我国现有的20亿亩耕地中，有相当数量的耕地受到中、重度污染，土壤点位超标率接近20%，大多不宜耕种。因此，土壤污染防治与土壤修复是当前中国绿色发展亟待破解的难题。为此，中国制定了一系列土壤污染防治与修复规划，如2008年出台的《国务院关于印发全国土地利用总体规划纲要（2006～2020年）的通知》、2013年出台的《国务院办公厅关于印发近期土壤环境保护和综合治理工作安排的通知》。2016年5月28日，国务院印发了《土壤污染防治行动计划》（简称“土十条”），可以说是土壤污染防治和土壤修复领域里程碑式的事件。

（一）经济手段

目前，有关土壤污染防治与土壤修复的经济手段包括财政、信贷、税收和价格调节等多种形式，主要内容如下：

（1）加强中央和地方各级财政对土壤污染防治工作的支持力度。中央财政设立土壤污染防治专项资金，用于土壤环境调查与监测评估、监督管理、治理与修复等工作。各地应统筹相关财政资金，向优先保护类耕地集中的县（市、区）倾斜。统筹安排专项建设基金，支持企业对涉重金属落后生产工艺和设备进行技术改造。

（2）加大土壤污染防治与修复的信贷支持力度。通过政府和社会资本合作（PPP）模式，发挥财政资金的撬动功能，带动更多社会资本参与土壤污染防治。积极发展绿色金融，发挥政策性和开发性金融机构的引导作用，为重大土壤污染防治项目提供支持。探索通过发行债券推进土壤污染治理与修复，在土壤污染综合防治先行区开展试点。

（3）研究制定扶持有机肥生产、废弃农膜综合利用、农药包装废弃物回收处理等企业的激励政策。

（二）行政手段

同样地，有关土壤污染防治与修复的标志性行政手段仍是国家规定的相关目标。例如，“十三五”规划要求耕地保有量在“十三五”期间不得减少，新增建设用地规模不得超过 3256 万亩。与上述目标相关的行政措施主要包括以下两个方面：

（1）在土地利用方面，主要强调节约集约利用建设用地，协调土地利用与生态建设，统筹区域土地利用，保护和合理利用农用地。

（2）在污染防治方面，一是严控新增土壤污染，健全投入机制，逐步加大土壤环境保护和综合治理投入力度，实施综合整治。二是给定污染场地检测技术原则，建立了一系列质量验收标准。三是在土壤污染综合整治过程中，关停了一些涉事企业。

（三）法律手段

法律对土壤污染的治理有着不可忽视的作用。作为中国该领域根本法的《环境保护法》对环境保护（特别是土壤污染）做出了一些原则性规定；《农业法》《基本农田保护条例》《土壤环境质量标准》在防止农用地的污染、土壤污染防治等方面做出了更为细致的规定。

同时，《固体废物污染环境防治法》《农药管理条例》《工业污染源监测管理办法（暂行）》《危险化学品安全管理条例》《城市生活垃圾管理办法》《农药限制使用管理规定》《废弃危险化学品污染环境防治办法》等也都对土壤污染防治做出了相关规定。

此外，部分省市还有有关整治和恢复被污染土壤的典型法规。比如，《四川省长江水域涵养保护条例》《海南生态省建设规划纲要》《山东省农业环境保护条例》《海南生态省建设规划纲要》《江苏省环境保护条例》《浙江省固体废弃物污染环境防治条例》等。

（四）教育手段

在土壤污染防治与修复的不同阶段，教育和宣传的重点也有所不同。以前侧重土地资源的合理利用，近年来则侧重土壤污染防治。主要内容如下：

加强规划宣传。充分利用各种媒体进行广泛宣传，提高全社会依法依规用地的意识，增强全民对科学用地、节约用地、保护资源重要性的认识，使遵守土地利用法律、规划、政策成为全社会的自觉行为。

引导公众参与。完善土壤环境信息发布制度，通过热线电话、社会调查等多种方式了解公众的意见和建议，鼓励和引导公众参与和支持土壤环境保护。将土壤环境保护相关内容纳入各级领导干部的培训工作。可能对土壤造成污染的企业要加强对所用土地土壤环境质量的评估，主动公开相关信息，接受社会监督。

开展宣传教育。制定土壤环境保护宣传教育工作方案。制作挂图、视频，出版科普读物，利用互联网、数字化放映平台等手段，结合世界地球日、世界环境日、世界土壤日、世界粮食日、全国土地日等主题宣传活动，普及土壤污染防治相关知识，加强法律法规政策宣传解读，营造保护土壤环境的良好社会氛围，推动形成绿色发展方式和生活方式。把土壤环境保护宣传教育融入党政机关、学校、工厂、社区、农村等的环境宣传和培训工作。鼓励支持有条件的高等学校开设土壤环境专门课程。

四、能源及其他矿产资源的节约与有效利用政策

绿色发展在能源及其他矿产资源（以下简称“资源”）领域的核心要求就是资源的节约与有效利用，而大力发展循环经济是实现上述目标的最重要途径。需要说明的是，煤炭、石油、天然气等一次能源属于矿产资源，而电力、热力等二次能源严格来说不是矿产资源。同时，有关节能的政策在大气污染防治及温室气体减排政策部分已经有较多的介绍，因为它们之间密切相关，因而这里只简略涉及。

（一）经济手段

有关资源节约与有效利用的经济手段比较丰富，包括财政、税收、金融、贸易、价格等多方面措施。以下是关于这些具体措施的说明。

1. 财政政策

（1）财政资金支持节能技术与项目。主要措施包括设立科研基金支持（中小）企业和高校发展节能技术，鼓励其成果转化；设立专项基金[①]支持新能源汽车、新能源发电（如金太阳工程）的研发与推广项目以及交通运输领域的节能更新改造项目[②]；采取“以奖代补”的方式对十大重点节能工程给予适当的支持和奖励[③]，支持产业升级以及节能技术改造；对国家机关办公建筑和大型公共建筑节能监管体系建设进行补助[④]。

（2）大力实施政府低碳采购。要求国家机关事业单位进行政府采购时，优先采购节能环保产品[⑤]，例如，将节能环保型汽车和清洁能源汽车列入政府采购清单，实施优先购买到强制购买的转变。

（3）遵循“减量、再用、循环”原则（“3R”原则）开展循环经济示范区活动[⑥]，建设国家“城市矿产”示范基地，实施绿色建筑行动。

2. 税收政策

（1）推进资源税费改革。主要措施包括提高成品油消费税单位税额、对于符合条件的燃油生产企业在消费税政策上予以优惠、提高资源税税率、推动铁矿石资源税从价计征改革、推动扩大增值税抵扣范围等。

（2）实行税收优惠政策。主要针对新能源汽车，以及高耗能产品出口方面，为节能环保产业实行增值税和企业所得税减免[⑦]，以及营业税优惠。

---

① 2013 年出台《财政部关于下达 2013 年交通运输节能减排专项资金的通知》。

② 2015 年出台《财政部办公厅、交通运输部办公厅、商务部办公厅关于印发 2015 年度车辆购置税收入补助地方资金用于交通运输节能减排、公路甩挂运输试点、老旧汽车报废更新项目申请指南的通知》。

③ 2007 年出台《财政部、国家发展改革委关于印发〈节能技术改造财政奖励资金管理暂行办法〉的通知》。

④ 2010 年出台《财政部办公厅、住房和城乡建设部办公厅关于组织申请国家机关办公建筑和大型公共建筑节能监管体系建设补助》。

⑤ 2004 年出台《财政部、国家发展改革委关于印发〈节能产品政府采购实施意见〉的通知》《节能产品政府采购实施意见》《节能产品政府采购清单》；2006 年出台《环境标志产品政府采购实施意见》。

⑥ 2003 年出台《循环经济示范区申报、命名和管理规定（试行）》；2013 年出台《国家发展改革委关于组织开展循环经济示范城市（县）创建工作的通知》；2014 年出台《国家标准委办公室关于印发〈2014 年国家循环经济标准化试点项目申报指南〉的通知》。

⑦ 2008 年出台《财政部、国家税务总局、国家发展改革委关于公布节能节水专用设备企业所得税优惠目录（2008 年版）和环境保护专用设备企业所得税优惠目录（2008 年版）的通知》。

同时，对节约能源或使用新能源的车船进行车船税优惠[①]。

（3）对“三废”产品利用符合条件的企业实行所得税、增值税等税费减免。

（4）取消三高产品（高耗能、高污染、高资源性）出口退税。

3. 价格政策

推动资源价格市场化改革和资源使用权市场交易制度。主要措施包括实施成品油价格改革、推动用能权有偿制度、完善矿产资源有偿使用制度、通过对电价改革支持新能源发电项目等。

4. 信贷政策

（1）对节能项目予以信贷优惠，例如，对国家信贷计划内的节能贷款进行优惠处理[②]，对再生节能建筑材料企业扩大产能贷款贴息[③]。

（2）积极创新金融产品和服务方式，多渠道拓展促进循环经济发展的直接融资途径，加大利用国外资金对循环经济发展的支持力度[④]。

5. 产业政策

主要措施是加快构建循环型产业体系，深化循环型工业、农业、服务业体系建设。同时，加快经济结构调整和优化区域布局。

（二）行政手段

中国在不同时期有关资源节约和有效利用的行政手段具有不同的特点，重点关注的问题也有所不同。

“十一五”期间，强化能源节约和高效利用的政策导向，健全环境监管体制，提高监管能力，加大环保执法力度。开发推广节能技术，加大汽车燃油经济性标准的实施力度，制定替代液体燃料标准，积极发展石油替代产品。推进工业废物和农业废弃物重复利用，加快循环经济立法。实行单位能耗目标责任和考核制度。完善重点行业能耗准入标准、主要用能产品和建筑物能效标准、重点行业节能设计规范。此外，在重点行业、领域、

---

① 2012年出台《财政部、国家税务总局、工业和信息化部关于节约能源使用新能源车船税政策的通知》（失效）。

② 1986年出台《财政部对节约能源管理有关税收问题的通知》。

③ 2008年出台《财政部关于印发〈再生节能建筑材料财政补助资金管理暂行办法〉的通知》（失效）。

④ 2010年出台《国家发展改革委、人民银行、银监会、证监会关于支持循环经济发展的投融资政策措施意见的通知》。

产业园区和城市开展循环经济试点。

“十二五”期间，主要是抑制高耗能产业，完善能效标识、节能产品认证，以及完善矿山开采环境，加强督查。此外，国家深入推进国家循环经济示范，组织实施循环经济“十百千示范”行动，例如，推进甘肃省和青海柴达木循环经济示范区等循环经济示范试点、山西资源型经济转型综合配套改革试验区建设。

“十三五”期间，主要是在加强监管和规范资源市场体系方面做工作。涉及石油、矿产和绿色建筑。主要内容是建立统一规范的国有自然资源资产出让平台，推进绿色矿山和绿色矿业发展示范区建设，实施绿色建筑全产业链发展计划和循环发展引领计划，开展能源总量和强度双控行动，强化节能评估审查和节能监察，并进一步扩大节能减排财政政策综合示范。除此之外，政府在碳排放上发力，实行排污许可“一证式”管理，推动建设全国统一的碳排放交易市场，实行重点单位碳排放报告、核查、核证和配额管理制度。有效控制重点行业碳排放，推进重点领域低碳发展。深化各类低碳试点，实施近零碳排放区示范工程。不仅如此，还实施了工业污染源全面达标排放计划和重点行业清洁生产改造。

（三）法律和教育手段

在能源节约与有效利用方面的重要法律有：《中华人民共和国电力法》（1995年通过）、《中华人民共和国节约能源法》（1997年发布，2007年、2016年进行了修订）、《中华人民共和国可再生能源法》（2005年发布，2009年进行了修订）、《中华人民共和国煤炭法》（1996年通过，2013年第二次修订）、《民用建筑节能条例》（2008年）。有关矿产资源节约与有效利用的重要法律有：《中华人民共和国矿产资源法》（1996年通过）、《中华人民共和国循环经济促进法》（2008年通过）、《中华人民共和国清洁生产促进法》（2013年通过）。

资源节约与有效利用方面的主要教育宣传措施包括两个方面：一是节能教育宣传。①面对不同主体（高校、企业、社会公众、农村）开展不同的节能教育宣传活动，如积极引导消费者购买节能产品，深入开展全民节约行动和节能“十进”活动，组织开展“节能减排农村行”活动。②利用新闻、媒体加强宣传引导和舆论监督。③创建了一批节能减排宣传教育示范基地，进行科普宣传、传播相关技术。二是加强循环经济宣传教育和培训，组织开展相关管理和技术人员的知识培训。①在各级学校开展国情教育、节约资源和保护环境的教育。②引导绿色消费，推行绿色生活方式，传播循环经济理念，逐步形成节约资源、保护环境的消费方式，推行绿色采购。

五、生态建设领域

（一）经济手段

生态建设领域的经济手段主要是发挥财政税收政策的引导作用，包括完善国家重点生态功能区转移支付政策，通过提高生态建设和环境保护支出标准及转移支付系数等方式，加大中央财政对国家重点生态功能区的转移支付力度；建立草原生态保护补助奖励机制；按照谁开发谁保护、谁受益谁补偿的原则，加快建立多元化生态保护补偿机制；开展生态城市试点。

（二）行政手段

有关生态建设的标志性行政举措也是国家发展规划规定的相关目标。“十三五”规划要求森林覆盖率和森林蓄积量在2020年要分别达到23.04%和16.5亿立方米。根据《中共中央国务院关于加快推进生态文明建设的意见》，生态建设领域的其他重大行政措施主要包括以下几个方面：

一是健全自然资源资产产权制度和用途管制制度。对水流、森林、山岭、草原、荒地、滩涂等自然生态空间进行统一确权登记，明确国土空间的自然资源资产所有者、监管者及其责任。

二是建立生态保护修复和污染防治区域联动机制。

三是设定并严守生态保护红线。在重点生态功能区、生态环境敏感区和脆弱区等区域划定生态红线，确保生态功能不降低、面积不减少、性质不改变；科学划定森林、草原、湿地、海洋等领域生态红线，严格自然生态空间征（占）用管理，有效遏制生态系统退化的趋势。

四是完善政绩考核办法。根据区域主体功能定位，实行差别化的考核制度。对限制开发区域、禁止开发区域和生态脆弱的国家扶贫开发工作重点县，取消地区生产总值考核。根据考核评价结果，对生态文明建设成绩突出的地区、单位和个人给予表彰奖励。探索编制自然资源资产负债表，对领导干部实行自然资源资产和环境责任离任审计。

五是完善责任追究制度。对违背科学发展要求、造成资源环境生态严重破坏的要记录在案，实行终身追责，不得转任重要职务或提拔使用，已经调离的也要问责。对推动生态文明建设工作不力的，要及时诫勉谈话；对不顾资源和生态环境盲目决策、造成严重后果的，要严肃追究有关人员的领导责任；对履职不力、监管不严、失职渎职的，要依纪依法追究有关人员的监管责任。

（三）法律和教育手段

与生态建设相关的法律主要包括《草原法》《森林法》等专门法律。青海、宁夏、新疆和内蒙古发布相关细则来对草原、牧场生态进行保护。例如，宁夏发布《禁牧封育条例》；内蒙古下发《草原植被恢复费征收管理办法》。

教育宣传手段可分为两个方面：一是技术指导和服务。例如，实施森林草原固碳增汇技术示范工程，组织技术推广单位或者技术人员，为退耕还林提供技术指导和技术服务。二是组织开展退耕还林活动的宣传教育，增强公民的生态建设和保护意识。

六、当前绿色发展政策的成效、局限以及进一步完善

（一）当前绿色发展政策取得的成效

近年来特别是中共十八大以来，中国在绿色发展政策方面取得了长足的进步。一方面，加强了生态文明建设及绿色发展的制度建设和机制设计。①在立法方面，修订了环境保护相关法规及其他重要法规，形成了比较完整的环境保护法律体系。许多新的制度以法律的形式规定下来，如生态保护红线和环境资源承载能力监测预警机制；环境污染公共预警机制、跨区域生态环境保护协调机制和区域限批；政府对环境保护的监督管理职责；多重的监督机制等。同时加强了规制力度，如加大违法排污处罚力度；强调了事前的环境影响评价制度。②在行政类制度与机制建设方面，生态文明建设进入国家和地方发展规划，出台了环保绩效考核制度，并提出了国际承诺。③在经济类制度与机制建设方面，各个部委已经实施了一系列经济政策（如排污收费），正在积极推进一些重要经济政策（如碳排放交易）的试点工作，同时还在积极探索一些新的经济政策（如自然资源资产产权制度）。

另一方面，通过大力实施绿色发展政策，中国取得了一系列生态和环境保护成效。①“十一五”以来提出的一些关键性生态环保指标（如节能减排）都得以顺利实现，节能减排能力显著提高，为应对全球气候变化做出了重要贡献。②有力地促进了循环经济和低碳经济发展。③某些领域的环境质量得到显著改善，如2016年74个城市细颗粒物（PM2.5）的年均浓度下降9.1%。④生态质量有所改善，如森林覆盖率由2005年的18.2%上升至2015年的21.66%。

（二）当前绿色发展政策的局限

中国的绿色发展才刚刚兴起，仍处于初级阶段，有许多重大问题需要进一步研究和解决，许多重要的制度和机制需要进一步探索和具体化，全社会的生态文明和绿色发展意识也需要逐步提高。在借鉴其他国家经验的同时，中国也需要探索出自己独特的生态文明建设道路。初步来看，当前中国的绿色发展政策体系还存在一些局限性。

1. 绿色发展政策不适应经济体制改革的大趋势

要解决绿色发展中存在的问题仅仅靠市场自发的力量是不够的，政府部门的政策引导和支撑必不可少。不过，政策本身必须有效，能够对症下药，否则不仅发挥不了积极作用，甚至会产生负面影响。当然，有效的政策往往不是一蹴而就的，通常需要不断调整、完善，适应不断变化的形势。

就中国现有的绿色发展政策及其执行情况来看，其主要问题在于不能适应经济体制改革新形势。一方面，当前的绿色政策还不能有效地发挥市场机制在节能中的作用。习近平总书记在中共十八届三中全会上强调，经济体制改革是全面深化改革的重点，核心问题是处理好政府和市场的关系，使市场在资源配置中起决定性作用和更好发挥政府作用。审视当前中国的绿色发展政策体系，不难发现其中发挥主要作用的仍是命令控制型手段，而基于市场机制的价格、财税、金融等经济节能政策还很不完善，对相关主体的绿色发展激励不足，因而这些经济政策还不能有效地通过市场发挥相应的作用。对照中共十八届三中全会的要求，基于市场机制的绿色政策手段亟待丰富、完善和强化。

另一方面，当前的绿色政策离更好地发挥政府作用也有较大的差距。首先，当前的政策体系对绿色发展各领域中行政主管部门的法律地位及其管理权责的规定仍不够具体和详细，导致相关执法和监督主体缺位，缺乏专门的监管机构。其次，一些地方政府对绿色发展工作存在认识误区，对绿色发展政策落实不力。有些地区仍然片面强调经济增长，对转变经济发展方式、调整产业结构重视不够，不能正确认识和处理经济增长与生态环保的关系，不积极落实相关绿色发展政策措施，甚至弄虚作假。例如，中央政府要求各地关停能效低下的能源密集型企业，但在市场需求的拉动下，一些地方能效低下的小建材、小钢材企业始终在悄悄运营。最后，绿色发展的标准体系还不完善，自然资产和污染排放等方面的计量、统计体系建设滞后，监测、监察能力不足，相应的管理能力还不能适应工作需要。

2. 绿色发展的财政支持力度不够

财政优惠政策很好地推动了中国的绿色发展，是绿色发展中十分重要的政策措施，但这方面的政策也存在以下一些问题。

（1）绿色发展财政支出仍难以满足绿色发展的资金需求。绿色发展需要巨大的投入，单个企业或者个人一般都难以承担相关项目所需的资金投入，很多绿色发展项目只能依靠政府的大力支持才能实施。例如，保尔森基金会发布的《中国城市绿色建筑节能投融资研究》显示，假设“十三五”期间国家增加20%建筑节能领域的投入，也只有1200亿元，仅占融资需求的7.3%，未来五年融资缺口将达到1.53万亿元。另外，以前所投入的绿色发展财政资金的配置使用也缺乏相应的灵活性，很少根据实际情况进行及时的调整，这也在一定程度上限制了财政投入的使用效率。

（2）绿色发展财政政策的实施成本高。在政策实施过程中，财政部需要会同有关部门对绿色发展项目的性质、目标、投资成本、效果等因素予以评估，同时对相关资金使用情况进行监督检查和绩效考评。相对于数量庞大的绿色发展项目来说，评估机构数量极少，从而导致绿色发展财政政策的实施成本过高。

（3）政府对绿色产品的优先采购力度较弱，引导作用不足。虽然政府部门很早就出台了有关绿色产品优先采购的办法，如2004年财政部和国家发展改革委就出台了《节能产品政府采购实施意见》，并发布了相关政府采购清单，但这一政策仍不完善。首先，相关的办法或意见不具备强制规范性，只是一种指导性意见，执行力度欠缺。其次，绿色产品认证管理尚不够完善，如产品认证清单发布时间不规律；没有区分不同的能效等级；大量的工程采购受发改委系统的招投标制度管辖，没能纳入相关绿色产品认证体系。最后，由于绿色产品相对于同类产品的价格偏高，因而以价格为导向的政府采购绩效评价标准影响了绿色产品政府采购的政策执行效果。

3. 绿色发展的税收、金融政策尚不完善

（1）绿色税收政策的力度很有限，对企业采取绿色行为的激励作用不大。首先，企业享受绿色税收优惠的金额占其相应绿色投入的比例较低，而且企业后续庞大的运营成本没有相关的税收优惠政策。其次，税收征管有待完善。目前绿色税收优惠政策的审批部门多，但各相关部门之间统一协调和数据共享做得不够。同时，税务部门对绿色税收政策的针对性宣传不够，不能有效激励企业采取生态环保行动，或者部分企业采取了生态环保行动却未申请享受相关的税收优惠政策。最后，绿色税（费）率相对较低，而且对一些浪费资源的行为没有相应的税收惩罚措施，对资源浪费和污染排放的约束力度不够。例如，目前中国对汽油、柴油等化石燃料征收的消费税的定额税率较低，总体税负低于国际水平。

（2）绿色金融仍处于起步阶段，金融政策对绿色发展的支持力度仍然较弱。首先，对绿色发展项目的信贷不足。虽然近年来有关绿色发展（如节能）的信贷得到大幅提升，但这部分信贷在商业银行的全部信贷规模中比重较小。同时，中国绿色发展的资金仍存在较大的缺口，难以通过银行信贷补缺。其次，与绿色发展相关的金融产品较为单一，缺乏创新性产品。最后，社会资金进入绿色发展领域的渠道不畅。

参考文献

韩冬梅、金书秦：《我国土壤污染分类、政策分析与防治建议》，《经济研究参考》，2014 年第 43 期。

王海芹、高世楫：《我国绿色发展萌芽、起步与政策演进：若干时期性特征观察》，《改革》，2016 年第 3 期。

第二章

国内环境规制对垂直专业化分工的影响研究

一、引言

近年来，国际贸易迅猛发展的同时，全球气候变暖、空气污染等环境问题日益凸显，合理的环境规制政策是遏制环境进一步恶化的重要途径。然而，在全球价值链分工深化的背景下，发达经济体通过外包和中间品贸易等更为隐蔽的形式将污染工序转移至环境规制水平相对较低的经济体，不同强度的环境规制水平对污染工序转移和产品内分工有着重要影响（李宏兵和赵春明，2013）。

目前，关于环境规制与贸易的关系的研究，主要围绕环境规制对比较优势的影响展开，存在两种截然不同的观点，“污染避难所假说”认为，严格的环境规制会增加生产成本，不利于比较优势的提高，由于发达国家具有较严格的环境规制，其主要生产并出口清洁产品，并从环境规制强度较弱的发展中国家进口污染密集型产品，弱化发达国家污染密集型产品的比较优势，Ederington（2005）、Quiroga（2009）实证分析认为严格的环境规制降低了产业的比较优势，支持“污染避难所假说”的结论。相反，“波特假说”认为，环境规制与国际竞争力之间存在互补关系，合理的环境规制能够促进被规制企业改进技术水平，刺激企业“创新补偿”效应，部分或全部抵消企业“遵循成本”。陆旸（2009）、Valeria Costantinia（2012）、陈坤铭等（2013）从实证角度论证了环境规制强度有利于提升工业行业的比较优势，严格的环境规制能提高出口竞争力。

现有的文献测算比较优势的方法主要为显示性比较优势指数和国际竞争力指数等，其建立的基础是产业间贸易，然而，近年来，国际分工形势由产业间分工向产品内分工演变，国际分工对象更是从产品层面深入到工序层面，生产工序被不断细分，形成以环节、工序为特征的产品内分工模式（Feenstra，1996；卢锋，2004；胡昭玲，2006）。在此背景下，加工贸易迅速发展，我国加工贸易额占总贸易额曾超过55%，近年来也稳定在35%以上（马光明和邓露，2012）。各国的比较优势主要体现为各产品生产环节的比较优势，环境规制对比较优势的影响不仅体现为最终产品贸易的影响，还会表现为对中间品贸易的影响，其影响渠道主要包含以下三个方面：第一，环境规制会影响不同生产环节的产品生产成本，从而影响企业对中间产品进口的需求，严格的环境规制导致企业投入大量资金、人力进行污染治理，造成生产成本上升，企业为了节约生产成本，将用更多的进口中间品替代污染生产工序生产的中间品。第二，环境规制可能通过影响企业技术创新能力来影响中间品贸易，严格的环境规制激励企业进行技术创新，通过创新弥补环境规制带来的成本，并提高企业生产效率和竞争力（Horbach，2008；张成和陆旸等，2011；殷宝庆，2013），从而降低国内企业对国际市场中中间产品的需求。第三，外商投资企业是中国加工贸易主体，2013年中国外商投资企业加工贸易进出口总值达到11005.66亿美元，同比增长0.2%，占全国加工贸易进出口总值的81.05%，国内环境规制对外商直接投资会产生影响，如李真等（2013）发现，国内环境管制对工业部门FDI起到了一定的抑制作用，但在短期内对FDI的负向冲击会在中长期内逐步转为微弱正向，江珂（2010）研究认为，若东道国制定严格的环境规制，东道国将倾向于引进污染排放较少的科技服务、文教卫生等行业，污染密集型行业的外资企业投资将减少，因此，环境规制通过影响外商直接投资，进而影响中间品进口贸易。综上所述，环境规制可能通过影响企业生产成本、技术创新和外商直接投资等方式来影响中间产品贸易。因此，探讨环境规制对中间品贸易的影响，对指导我国加工贸易转型升级具有重要意义。

出口贸易中的垂直专业化率是指单位出口中所包含的中间进口品的比率，反映了一国参与产品内分工的程度，成为经济全球化的关键解释变量（卢锋，2004）。目前，有部分文献分析了环境政策对垂直专业化分工的影响，如Oliver Schenker（2013）运用一般均衡模型（CGE）分析单边实施碳价格和边界碳税两种气候政策对垂直专业化分工的影响，实证结果表明较严格的气候政策促使污染密集型产业将更多的生产环节向无管制国家（地区）转移，使得低碳排放强度行业的垂直专业化分工强度下降，高碳排放强度行业的垂直专业化分工强度上升。李宏兵和赵春明（2013）基于中美行业面板数据，探讨了环境规制对中国中间品出口的影响，结果显示环境规制的提升能显著促进中国中间品的出口。然而，以往探讨国内环境规制对垂直专业化分工影响的文献并不多见，分析国内环境规制对垂直专业化分工的影响，有利于我国利用环境规制协调加工贸易的转型升级，改善环境质量。为此，本章首先利用1995~2009年的面板数据，测算中国35个行业国内环境规制强度和垂直专业化分工比重。其次构建静态计量模型和包含被解释变量滞后一期的动态计量模型，并利用WIOD数据库提供的数据，区分污染密集型行业和清洁型行业，分别对静态模型和动态模型进行回归，分析环境规制对垂直专业化的影响。最后根据实证分析结果提出一些政策建议。

二、关键指标测算与结果分析

（一）环境规制与垂直专业化测算方法

环境规制强度很难直接测算，目前，环境规制尚缺乏一个统一的测算方法，一般来说，主要有以下六种测算方法：一是用政府颁布的环境规制政策数来衡量（Berman和Bui，2001）；二是采用治污投资或排污费占产值的比重来衡量（Lanoie等，2008；梅国平和龚海林，2013）；三是用工业污染治理投资完成额来衡量（董敏杰，2011）；四是用人均收入来衡量（陆旸，2009）；五是通过构建污染物指标的综合指标体系来衡量（赵细康，2003；Fleishman，2009；李玲和陶锋，2012）；六是用单位产出污染物排放量来衡量（傅京燕，2008；朱平芳等，2011；唐英杰，2013）。考虑数据的可得性，本章采用第六种方法，用单位产出的污染物排放量来衡量环境规制强度。同时，由于单一的单位产出污染物排放量难以准确度量各行业的环境规制强度，本章借鉴傅京燕（2010）基于各行业实际污染指标采用指数法构建指标体系的方法，选择以单位增加值对应的主要污染物排放量（NOx、SOx、NH_3）为基础，构建行业环境规制指数（ERS）来度量环境规制强度。具体方法如下：

首先，对单位增加值污染物排放量进行线性标准化，即无纲量化，以便消除指标间的矛盾性和不可公度性。

$$UE_{ij}^{s} = [UE_{ij} - \min(UE_{ij})]/[\max(UE_{ij}) - \min(UE_{ij})] \quad (2-1)$$

其中，UE_{ij}表示 i 行业单位增加值 j 污染物排放量，$\max(UE_{ij})$ 和 $\min(UE_{ij})$ 分别表示主要污染物 j 指标在所有行业中每年的最大值和最小值。UE_{ij}^{s}是单位增加值 j 污染物排放量的标准化值。

其次，由于不同行业各污染物排放比重相差较大，同一行业不同污染物排放程度也存在较大差异。因此，通过计算各指标的调整系数，对各指标值赋予不同权重，从而反映各行业主要污染物的治理力度变化。调整系数计算公式如下：

$$W_{ij} = \frac{E_{ij}}{\sum E_{ij}} / \frac{O_i}{\sum O_i} = \frac{E_{ij}}{O_i} / \frac{\sum E_{ij}}{\sum O_i} = UE_{ij} / \overline{UE_j} \quad (2-2)$$

其中，W_{ij}为 i 行业单位增加值 j 污染物排放量的调整系数，E_{ij}是 i 行业 j 污染物的排放量，$\sum E_{ij}$ 是所有行业 j 污染物的排放总量，O_i 是 i 行业的增加值，$\sum O_i$ 是所有行业的增加值，$\overline{UE_j}$是所有行业 j 污染物排放量的平均值。计算出每年的权重后，再计算出样本期间权重的平均值。

最后，通过各单项指标的标准化值和平均权重，计算各行业的环境规制强度。

$$ERS = \sum_{j=1}^{3} W_{ij} \times UE_{ij}^{s} \quad (2-3)$$

其中，ERS 表示行业环境规制指数，环境规制指数越小，表明环境规制强度越大，反之，环境规制强度越大。

本章借鉴 Hummels 等（2001）提出的分析框架测算垂直专业化，某一行业的出口垂直专业化额取决于该行业进口投入品价值占行业产出值之比和该行业的出口值，二者的乘积即为该行业的出口垂直专业化额。某一国家总出口的垂直专业化额即该国所有行业出口垂直专业化额之和，计算公式如下：

$$VS = \mu A^m EX \tag{2-4}$$

其中，VS 表示垂直专业化额；μ 表示 $1\times n$ 维单位行向量，n 表示行业数；A^m 表示 $n\times n$ 维进口品直接消耗系数矩阵；EX 表示各部门出口列向量，维度为 $n\times 1$。考虑产业关联效应，总出口垂直专业化额计算公式如下：

$$VS = \mu A^m (I - A^d)^{-1} EX \tag{2-5}$$

其中，I 表示 $n\times n$ 维单位矩阵，A^d 表示 $n\times n$ 维国产品直接消耗系数矩阵，$(I-A^d)^{-1}$是列昂惕夫逆矩阵。

由式（2-5）可进一步得出垂直专业化比重 VSS，计算公式如下：

$$VSS = \frac{VS}{\sum_{i=1}^{n} ex_i} = \frac{\mu A^m (I - A^d)^{-1} EX}{\sum_{i=1}^{n} ex_i} \tag{2-6}$$

其中，VSS 表示垂直专业化比重，ex_i 为 i 部门的出口额。

（二）数据来源及其说明

测算国内环境规制时，各行业 NOx、SOx、NH_3 排放量来源于 WIOD 数据库中的环境账户表，各行业增加值来源于 WIOD 数据库中的非竞争型投入产出表，测算垂直专业化的数据来源于 WIOD 数据库中的非竞争型投入产出表。考虑到污染物数据的可得性，本章测算 1995~2009 年 35 个行业的环境规制指数值（ERS）和垂直专业化比重（VSS）。

（三）测算结果分析

由于行业特征不同，环境规制对不同污染强度行业的作用存在差异。本章借鉴傅京燕和李丽莎（2010）、李玲和陶锋（2012）利用污染强度评价法对行业的划分，将 35 个行业划分为污染密集型行业和清洁型行业，如表 2-1 所示。

表 2-1　污染密集型行业和清洁型行业的分类

序号	污染密集型行业	序号	清洁型行业
1	农林牧渔业	1	食品制造及烟草加工业
2	采矿及采石业	2	纺织服装鞋帽皮革羽绒及其制品业
3	造纸印刷及文教体育用品制造业	3	皮革、毛皮、羽毛（绒）及其制品业
4	石油加工、炼焦及核燃料加工业	4	木材加工制造业（家具除外）
5	化学工业	5	橡胶和塑料制品业
6	其他非金属矿物制品业	6	通用、专用设备制造业
7	金属冶炼、压延加工业及金属制品业	7	电气与光学设备制造业
8	电力、煤气和水的供应业	8	交通运输设备制造业
9	陆上运输及管道运输业	9	其他制造业及废品回收业
10	水上运输业	10	建筑业
11	航空运输业	11	汽车和摩托车的批发、零售及修理业
		12	批发贸易业
		13	零售贸易业
		14	住宿和餐饮业
		15	装卸搬运和其他运输服务业
		16	邮政和电信业
		17	金融保险业
		18	房地产业
		19	租赁和商务服务业
		20	公共管理和社会组织
		21	教育
		22	卫生与社会工作
		23	其他社会服务业
		24	居民服务业

从表 2-2 和表 2-3 可以看出，样本期间内，大部分污染密集型行业和清洁型产业国内环境规制均趋于严格，具体分行业来看，污染密集型行业中，石油加工、炼焦及核燃料加工业，化学工业，金属冶炼、压延加工业及金属制品业等传统重工业的环境规制强度趋于严格；清洁型行业中，其他制造业及废品回收业、房地产业等行业环境规制强度趋于严格程度较大，且清洁型行业环境规制均值远远低于污染密集型行业环境规制均值，污染密集型行业环境规制仍较为宽松。

表 2-2　1995~2009 年污染密集型行业环境规制及其变化情况

	1995 年	1999 年	2002 年	2005 年	2007 年	2009 年	均值	比增（%）
农林牧渔业	7.94	9.29	11.02	22.79	27.92	20.83	14.85	162.48
采矿及采石业	0.12	0.13	0.22	0.11	0.04	0.06	0.12	-49.61
造纸印刷及文教体育用品制造业	0.16	0.05	0.08	0.07	0.02	0.03	0.07	-79.89
石油加工、炼焦及核燃料加工业	0.47	0.60	0.22	0.067	0.04	0.07	0.29	-85.18
化学工业	0.32	0.25	0.18	0.06	0.05	0.07	0.17	-78.60
其他非金属矿物制品业	1.24	1.64	1.56	2.05	1.60	4.04	1.98	225.01
金属冶炼、压延加工业及金属制品业	0.20	0.33	0.26	0.13	0.05	0.08	0.17	-61.91
电力、煤气和水的供应业	44.94	40.25	42.37	13.09	14.80	20.19	32.54	-55.07
陆上运输及管道运输业	1.35	1.75	1.88	0.97	0.87	1.23	1.39	-8.35
水上运输业	0.22	0.07	0.46	0.41	0.65	1.25	0.44	472.89
航空运输业	0.33	0.39	1.24	0.57	0.63	4.31	1.09	1225.26

注：比增为 2009 年比 1995 年的增长，均值采用的是将 1995~2009 年各年的值直接平均。

资料来源：作者计算所得。

表 2-3　1995~2009 年清洁型行业环境规制及其变化情况

	1995 年	1999 年	2002 年	2005 年	2007 年	2009 年	均值	比增（%）
食品制造及烟草加工业	0.024	0.015	0.017	0.010	0.003	0.005	0.012	-80.12
纺织服装鞋帽皮革羽绒及其制品业	0.019	0.010	0.016	0.018	0.007	0.007	0.013	-64.77
皮革、毛皮、羽毛（绒）及其制品业	0.002	0.002	0.002	0.002	0.001	0.001	0.002	-63.69
木材加工制造业（家具除外）	0.014	0.007	0.009	0.012	0.003	0.004	0.008	-69.67
橡胶和塑料制品业	0.030	0.015	0.015	0.016	0.004	0.006	0.014	-81.65
通用、专用设备制造业	0.014	0.007	0.008	0.005	0.002	0.002	0.007	-82.18
电气与光学设备制造业	0.002	0.001	0.001	0.001	0.000	0.000	0.001	-81.86
交通运输设备制造业	0.009	0.006	0.006	0.004	0.001	0.002	0.005	-75.89
其他制造业及废品回收业	0.043	0.014	0.010	0.008	0.001	0.002	0.012	-95.47
建筑业	0.004	0.009	0.015	0.015	0.012	0.009	0.010	129.01
批发贸易业	0.001	0.002	0.002	0.000	0.000	0.000	0.001	-87.95
零售贸易业	0.003	0.004	0.005	0.001	0.001	0.001	0.003	-59.66
住宿和餐饮业	0.002	0.001	0.003	0.005	0.002	0.005	0.003	145.16
装卸搬运和其他运输服务业	0.003	0.007	0.034	0.063	0.024	0.027	0.029	854.82
邮政和电信业	0.001	0.001	0.002	0.001	0.000	0.001	0.001	-42.03
金融保险业	0.0002	0.0001	0.0002	0.0002	0.0000	0.0000	0.0001	-73.58
房地产业	0.001	0.000	0.000	0.000	0.000	0.000	0.000	-96.74
租赁和商务服务业	0.002	0.002	0.003	0.002	0.001	0.001	0.002	-39.86
公共管理和社会组织	0.004	0.002	0.002	0.002	0.001	0.002	0.002	-57.57
教育	0.014	0.006	0.005	0.003	0.001	0.002	0.005	-87.34
卫生与社会工作	0.004	0.001	0.001	0.002	0.001	0.003	0.002	-15.30
其他社会服务业	0.023	0.014	0.011	0.010	0.003	0.006	0.012	-76.41

注：比增为 2009 年比 1995 年的增长，均值采用的是将 1995~2009 年各年的值直接平均。且由于汽车和摩托车的批发、零售及修理业，居民服务业统计数据缺失，故将其剔除。

资料来源：作者计算所得。

表2-4和表2-5显示，我国垂直专业化比率从1995年的16%上升到2009年的25%，增长了56.25%。其中，纺织服装鞋帽皮革羽绒及其制品业，皮革、毛皮、羽毛（绒）及其制品业，其他制造业及废品回收业，批发贸易业，零售贸易业，金融保险业，房地产业，租赁和商务服务业，公共管理和社会组织九类行业的垂直专业化比重有所下降，其他行业的垂直专业化比重均上升。这表明我国大部分行业参与国际分工的程度不断加深，一方面说明我国对外贸易迅猛发展得益于加工贸易的不断扩大，另一方面也说明我国各行业对进口中间品的依存度较高。

分行业来看，污染密集型行业垂直专业化比重的上升幅度大于清洁型行业垂直专业化比重的上升幅度。具体而言，污染密集型行业垂直专业化比重均值2009年比1995年增长29.15%，石油加工、炼焦及核燃料加工业，化学工业等传统重工业垂直专业化程度大幅度提高。清洁型行业中通用和专用设备制造业、装卸搬运和其他运输服务业等行业垂直专业化比重出现上升，但零售贸易业、金融保险业等11类行业的垂直专业化比重出现下降，导致所有清洁型行业垂直专业化比重均值2009年比1995年下降2.07%。

表2-4　1995~2009年污染密集型行业垂直专业化比重及变化情况

	1995年	1999年	2002年	2005年	2007年	2009年	均值	比增（%）
农林牧渔业	5.81	5.17	6.10	8.12	7.70	6.34	6.54	9.10
采矿及采石	9.33	8.67	0.09	14.07	15.02	11.94	10.75	28.02
造纸印刷及文教体育用品制造业	14.44	13.04	13.96	18.76	19.95	16.10	15.62	11.54
石油加工、炼焦及核燃料加工业	20.68	17.24	24.01	36.11	37.85	32.78	28.27	58.53
化学工业	15.35	14.98	18.02	24.84	24.67	19.99	19.42	30.18
其他非金属矿物制品业	10.87	10.17	12.39	16.95	17.11	13.82	13.28	27.15
金属冶炼、压延加工业及金属制品业	15.52	13.94	17.29	25.39	25.94	22.14	19.40	42.70
电力、煤气和水的供应业	9.38	8.01	9.74	15.84	17.61	14.47	12.10	54.35

续表

	1995 年	1999 年	2002 年	2005 年	2007 年	2009 年	均值	比增（%）
陆上运输及管道运输业	8.72	6.55	8.41	12.29	11.97	9.49	9.49	8.84
水上运输业	12.90	10.33	12.30	16.90	16.24	13.01	13.95	0.82
航空运输业	12.44	10.51	12.98	22.26	23.32	18.59	16.19	49.44
污染密集型行业	12.31	10.78	12.30	19.23	19.76	16.24	15.00	29.15

注：比增为 2009 年比 1995 年的增长；污染密集型行业垂直专业化比重是所有污染密集型行业垂直专业化比重的平均值。

资料来源：作者计算所得。

表 2-5　1995~2009 年清洁型行业垂直专业化比重及变化情况

	1995 年	1999 年	2002 年	2005 年	2007 年	2009 年	均值	比增（%）
食品制造及烟草加工业	8.38	6.55	7.78	11.12	11.14	9.54	8.93	13.80
纺织服装鞋帽皮革羽绒及其制品业	17.84	16.18	17.99	19.41	16.89	12.89	17.08	-27.76
皮革、毛皮、羽毛（绒）及其制品业	18.92	15.79	17.92	19.25	16.90	13.33	17.16	-29.57
木材加工制造业（家具除外）	16.14	11.91	13.23	17.64	18.06	13.59	14.51	-15.77
橡胶和塑料制品业	18.06	16.86	18.52	25.72	25.19	20.05	20.46	11.03
通用和专用设备制造业	14.85	13.56	17.40	25.90	25.35	19.23	18.85	29.50
电气与光学设备制造业	22.25	22.05	28.78	38.94	36.38	28.08	28.76	26.19
交通运输设备制造业	16.32	14.19	16.74	25.48	24.89	19.49	19.14	19.46
其他制造业及废品回收业	15.47	11.93	13.19	16.33	15.77	12.51	13.92	-19.15
建筑业	12.51	11.89	15.34	19.85	19.13	15.36	15.40	22.79
批发贸易业	8.49	6.94	8.32	9.56	8.33	6.39	8.09	-24.75
零售贸易业	8.49	6.94	8.32	9.56	8.33	6.39	8.09	-24.75
住宿和餐饮业	6.89	5.38	6.51	9.28	9.32	7.81	7.40	13.42

续表

	1995年	1999年	2002年	2005年	2007年	2009年	均值	比增（%）
装卸搬运和其他运输服务业	8.48	6.65	8.52	14.58	14.00	11.03	10.51	30.08
邮政和电信业	9.49	10.30	13.88	14.78	12.45	9.18	11.86	-3.23
金融保险业	6.25	4.64	5.53	6.67	5.74	4.31	5.53	-31.07
房地产业	3.39	2.94	3.97	5.23	4.00	3.04	3.80	-10.32
租赁和商务服务业	15.85	11.92	13.92	19.11	18.01	13.26	15.23	-16.34
公共管理和社会组织	9.51	6.73	7.45	9.91	9.66	7.35	8.38	-22.70
教育	7.44	6.48	7.07	10.62	10.74	8.23	8.34	10.62
卫生与社会工作	14.86	14.22	13.74	19.78	19.46	15.09	16.20	1.58
其他社会服务业	10.32	9.53	11.64	14.53	13.61	10.46	11.63	1.34
清洁型行业	11.26	9.73	11.49	15.14	14.31	11.11	12.05	-2.07

注：比增为2009年比1995年的增长；清洁型行业垂直专业化比重是所有清洁型行业垂直专业化比重的平均值；由于汽车和摩托车的批发、零售及修理业，居民服务业统计数据缺失，故将其剔除。

资料来源：作者计算所得。

三、计量模型与指标选取

本章借鉴 Midelfart-Knarvik 等（2003）、文东伟（2011）构建的分析垂直专业化驱动因素的计量模型，将垂直专业化比重（VSS）作为被解释变量，将环境规制作为解释变量纳入计量模型，所构建的静态计量模型如下：

$$VSS_{i,t} = \alpha_0 ERS_{i,t} + \alpha_1 Scale_{i,t} + \alpha_2 RD_{i,t} + \alpha_3 Import_{i,t} + \alpha_4 Export_{i,t} + \alpha_5 ImInter_{i,t} + \alpha_6 DomInter_{i,t} + \mu_{i,t} \quad (2-7)$$

其中，i 表示行业，t 表示年份；*VSS* 表示垂直专业化程度，*ERS* 表示环境规制，*Scale* 表示行业规模，*RD* 表示技术复杂度，*Import* 表示进口依存度，*Export* 表示出口依存度，*ImInter* 表示进口中间投入依存度，*DomInter* 表示国内中间投入依存度，$\mu_{i,t}$表示随机误差项。为了消除回归方程中的异方差和残差非正态分布的问题，所有变量均采用对数形式进行回归分析。

由于行业垂直专业化程度的改变是一个动态过程，不仅取决于当期的影响因素，还与前期垂直专业化程度有关。在解释变量中加入垂直专业化比重的滞后项不仅可以反映垂直专业化的动态特征，而且垂直专业化比重的滞后项还可以作为其他省略变量的代理变量。因此，本章进一步设定以下动态计量回归模型：

$$VSS_{i,t} = \alpha_0 VSS_{i,t-1} + \alpha_1 ERS_{i,t} + \alpha_2 Scale_{i,t} + \alpha_3 RD_{i,t} + \alpha_4 Import_{i,t} + \alpha_5 Export_{i,t} + \alpha_6 ImInter_{i,t} + \alpha_7 DomInter_{i,t} + \mu_{i,t} \quad (2-8)$$

其中，$VSS_{i,t-1}$是$VSS_{i,t}$的滞后一期，其余变量含义与上述一致。

（1）垂直专业化程度。在产品国内贸易迅猛发展和环境问题日益凸显的双重背景下，垂直专业化作为衡量产品内贸易的重要指标，分析国内环境规制对其的影响具有重要的指导意义。本章借鉴 Hummels 等（2001）测算垂直专业化比重的分析框架，用垂直专业化比重作为因变量进行回归分析。同时，考虑到垂直专业化程度改变是一个动态过程，将垂直专业化比重滞后一期作为被解释变量加入动态模型中进行回归分析。

（2）环境规制。国内环境规制反映了国家对行业污染排放控制的严格程度。环境规制一方面通过强制减排增加生产成本，削弱行业出口竞争力，形成“遵循成本效应”；另一方面又会促使行业进行技术创新，发展清洁生产工序，进而提高行业出口竞争力，形成“创新补偿效应”（张成等，2011）。另外，环境规制程度的提升能显著促进中间品贸易（李宏兵和赵春明，2013）。因此，环境规制的高低会造成各行业比较优势和中间品贸易的差异，进而影响行业参与国际分工的程度。因此，国内环境规制可能促进垂直专业化比重的提高，也可能抑制垂直专业化比重的提高。

（3）行业规模。有学者（Garicano 和 Hubbard，2003；文东伟，2011；冯志坚，2012；唐东波，2013）分析行业规模对垂直专业化的影响。部分学者认为，不同生产环节厂商的规模差异越大，产品内分工的可能性也就越大，一国行业规模越大，行业自主创新能力越强，规模效应越大；生产所需的中间投入更多地来自国内供给，而对进口中间投入依赖较小，即行业规模越大垂直专业化水平越低。然而，有观点认为随着行业规模的增大，中间品专业化生产出现，企业自制中间品比例下降，外购比例上升，促进了垂直专业化分工，即行业规模越大的企业往往具有更高的垂直专业化水平。因此，行业规模对垂直专业化的影响不确定，本章以行业总产值来衡量行业规模。

（4）技术复杂度。文东伟（2011）、董广茂（2013）等研究发现，产品技术复杂度是影响垂直专业化的重要因素，技术复杂度较低时，产品生产技术比较简单，生产环节较少，生产所需的原材料、零部件种类较少，基本能够在国内得到满足，对国际市场的依赖较小，因而垂直专业化程度较低。因此，在回归模型中加入技术复杂度，本章借鉴谢锐等（2013）、祝树金和张鹏辉（2013）度量技术复杂度的方法，利用 WIOD 提供的非竞争型投入产出表和世界银行 WDI 数据库提供的人均 GDP 数据，测算 35 个行业 1995~2009 年的技术复杂度，测算方法如下：

$$PRODY_k = \sum_c \frac{x_{ck}/X_c}{(x_{sk}/X_s)} Y_c \qquad (2-9)$$

其中，$PRODY_k$ 表示 k 产品的出口技术复杂度，c、s 表示国家或地区，k 表示产品，$X_c(X_s)$ 表示国家或地区的出口总额，Y_c 表示国家或地区的人均真实 GDP。

$$TC_i = \sum_k (x_{ck}/X_c^i) PRODY_k \qquad (2-10)$$

其中，TC_i 表示 i 行业出口技术复杂度，i 表示行业，X_c^i 表示 c 国行业 i 的总出口额。

（5）开放程度。戴魁早（2011）、陈丰龙和徐康宁（2012）等研究发现，一国行业开放程度越大，越容易导致行业积累资本，有利于技术改进和生产效率的提高，提高对外开放程度有利于垂直专业化分工的深化。因此，本章将行业开放程度引入解释变量中，用进口依存度（各行业进口总值占行业总产值的比重）和出口依存度（各行业出口总值占行业总产值的比重）来衡量行业开放程度。

（6）中间投入来源。垂直专业化衡量行业出口品包含的进口中间品价值，受到进口中间投入的影响。行业生产过程中需要的进口中间投入越多，出口所含进口中间价值越大，对国际市场的依赖越大，垂直专业化程度越深。行业生产过程中需要的国内中间投入越多，出口所含进口中间价值越低，对国际市场的需求越来越小，垂直专业化程度越低。因此，本章根据中间投入来源的不同，将中间投入依存度（行业单位产出所需进口中间投入）和国内中间投入依存度（行业单位产出所需国内中间投入）两个解释变量引入计量模型中。

本章采用1995~2009年的面板回归数据，行业总产值、进口中间品投入、国内中间品投入、进出口额均来源于WIOD数据库提供的非竞争型投入产出表。环境规制、垂直专业化比重、技术复杂度由前文计算得到。

四、结果分析

（一）静态模型估计结果

如表2-6所示，根据Hausman的检验结果，全部样本行业和清洁型行业的回归应选择随机效应模型（2）和模型（6），而污染密集型行业的回归应选择固定效应模型（3）。全部样本行业回归结果显示，国内环境规制对垂直专业化水平存在抑制作用，国内环境规制越严格，垂直专业化比重越小，行业参与国际分工的程度越小，表明严格的环境规制削弱了行业参与产品内分工，不利于行业垂直专业化分工的发展。一方面，可能与环境规制促使企业进行技术创新有关，严格的环境规制促使企业改进生产技术，达到节能减排的目标，进而使得行业生产效率提高，对国际市场的原材料、零部件依赖程度降低，参与垂直专业化的程度下降；另一方面，较强的环境规制会对外商直接投资产生负面影响，从而进一步影响我国加工贸易和中间品进出口贸易。进一步区分污染密集型行业和清洁型行业来看，污染密集型行业国内环境规制对垂直专业化比重具有促进作用，且通过显著性检验。这意味着，污染密集型行业国内环境规制越严格，垂直专业化比重越大，行业参与国际分工的程度越深，其原因可能是大部分污染密集型行业垂直专业化水平较高，其进口的中间产品污染程度也较高，国内环境规制水平的提高，会提高在本国生产污染环节中间产品的成本，提高对中间产品的进口需求，提高垂直专业化水平。相反，清洁型行业国内环境规制对垂直专业化具有显著的抑制作用，且与全部样本行业回归结果比较，清洁型行业的国内环境规制对垂直专业化比重的抑制作用更大，表明对清洁产业而言，严格的国内环境规制会提高其对国内生产中间品的需求，对清洁型行业采取较宽松的环境规制政策，有利于推动其参与产品内分工，融入国际垂直专业化分工体系。

行业规模、技术复杂度和开放程度等控制变量的符号均一致，行业规模显著促进了行业参与垂直专业化分工体系，且污染密集型行业的行业规模比清洁型行业的行业规模更能促进垂直专业化比重的提高。这表明随着行业规模的增大，中间品专业化生产不断发展，行业利用国内中间品比例下降，利用进口中间品比例上升，参与垂直专业化分工程度加深。技术复杂度对垂直专业化比重具有正向影响。这与预期相符，行业技术复杂度越低，生产技术越简单，生产所需的原材料、零部件种类越少，对国外进口中间品的依赖程度相对较低，行业垂直专业化比重也越低。衡量开放程度的进口依存度和出口依存度回归系数均为正，这与预期相符，表明进出口依存度确实是影响垂直专业化的重要因素，行业开放程度越大，参与国际分工的程度越深，垂直专业化程度越高。衡量中间品投入来源的进口中间投入依存度系数均为正，国内中间投入依存度系数均为负，这与垂直专业化比重的计算公式相符，行业单位出口利用的中间品投入越多，国内中间投入越少，对国际市场原材料、零部件的依赖程度越高，垂直专业化程度越深。

表 2-6　环境规制对垂直专业化影响的静态模型回归结果

解释变量	全部样本行业		污染密集型行业		清洁型行业	
	（1）	（2）	（3）	（4）	（5）	（6）
ERS	0. 055*** （4. 59）	0. 054*** （4. 56）	−0. 078*** （−4. 75）	−0. 040** （−2. 28）	0. 106*** （7. 43）	0. 105*** （7. 30）
Scale	0. 203*** （18. 28）	0. 206*** （18. 57）	0. 222*** （14. 51）	0. 214*** （12. 15）	0. 194*** （14. 68）	0. 197*** （14. 83）
Rd	0. 009* （0. 62）	0. 007* （0. 46）	0. 208* （1. 34）	0. 087* （0. 55）	0. 012* （0. 88）	0. 010* （0. 73）
Import	0. 247*** （5. 08）	0. 244*** （5. 00）	0. 001* （1. 02）	0. 017* （1. 26）	0. 168*** （3. 56）	0. 167*** （3. 49）

续表

解释变量	全部样本行业		污染密集型行业		清洁型行业	
	(1)	(2)	(3)	(4)	(5)	(6)
Export	0.027* (1.76)	0.032** (2.08)	0.009 (0.28)	0.031* (1.50)	0.001 (0.04)	0.005* (0.32)
Iminter	0.007** (2.03)	0.007** (2.04)	0.191*** (4.89)	0.218*** (6.27)	0.007** (2.27)	0.007** (2.27)
Dominter	-0.065*** (-4.55)	-0.058*** (-4.11)	-0.052* (-4.08)	-0.050* (-3.98)	-0.076*** (-5.28)	-0.0699 (-4.86)
常数项	-3.845*** (-31.28)	-3.892*** (-11.59)	-3.857*** (-16.78)	-3.845*** (-15.92)	-3.647*** (-28.04)	-3.740*** (-8.47)
R^2	0.5153	0.5150	0.7852	0.7650	0.4878	0.4874
Hausman	8.00 (0.33)		63.30*** (0.00)		13.62 (0.06)	
模型	Fe	Re	Fe	Re	Fe	Re
样本	525	525	165	165	360	360

注：括号内为t的统计特征值，***、**、*分别表示回归系数1%、5%和10%的显著性水平下统计显著。

（二）动态模型估计结果

动态面板模型由于解释变量包含被解释变量的滞后项，必然会有内生性问题，导致参数估计有偏且非一致。为了避免内生性问题，本章采用系统GMM方法对动态面板模型进行估计，回归结果如表2-7所示。

模型（7）、模型（8）的回归结果均表明，各行业垂直专业化比重的一阶滞后项系数为正，且均通过了1%的显著性检验，模型（9）清洁型行业垂直专业化比重的一阶滞后项系数为正，通过了10%的显著性检验，这说明我国行业垂直专业化比重的提高具有明显的动态积累效应，行业垂直专业化程度不仅受行业规模、行业技术复杂度等因素的影响，还受到前期垂直专业化程度的影响，行业融入全球生产链、参与国际分工体系是一个长期的过程。

表 2-7　环境规制对垂直专业化影响的动态模型回归结果

解释变量	全部样本行业	污染密集型行业	清洁型行业
	(7)	(8)	(9)
VSS_{t-1}	0.971*** (24.34)	0.948*** (23.29)	0.841* (15.73)
ERS	0.029* (1.54)	0.036** (1.60)	0.041* (2.58)
Scale	0.290*** (2.93)	0.217*** (2.75)	0.250* (1.88)
Rd	0.129*** (2.58)	0.166 (2.67)	0.133*** (3.11)
Import	0.034* (1.96)	0.022* (1.53)	0.109** (2.35)
Export	0.001 (0.14)	0.021** (1.45)	0.019** (2.55)
Iminter	0.314*** (4.57)	0.219*** (4.04)	0.334*** (4.40)
Dominter	-0.180*** (-3.15)	-0.124*** (-3.58)	-0.155*** (-3.85)
常数项	0.504*** (3.74)	0.198 (1.22)	0.601 (1.19)
AR（2）检验 P 值	0.564	0.768	0.355
Sargan 检验 P 值	0.080	0.075	0.086

注：表中回归系数下方括号内的数值为回归系数的标准误；***、**、*分别表示回归系数在1%、5%和10%的显著性水平下统计显著。AR（2）检验表示残差项的二阶自相关检验，用来选择合适的滞后项作为工具变量，表中列出检验的P值，回归模型的AR（2）检验表明，回归残差项存在一阶自相关，但不存在二阶自相关；Sargan检验是检验工具变量的有效性，表中列出了检验的P值。

动态模型中，国内环境规制对垂直专业化的影响与静态模型存在差异。全部样本行业和清洁型行业国内环境规制对垂直专业化比重的有显著抑制作用，与静态模型结果一致。然而，与静态模型结论相反，动态模型中污染密集型行业国内环境规制对垂直专业化比重的影响由促进作用转为抑制作用。污染密集型行业的环境规制指数值越小，国内环境规制越严格，垂直专业化程度越小。静态模型和动态模型相反的回归结果也证实，短期内，严格的国内环境规制促使污染密集型行业提高生产成本，转移污染生产工序，通过进口更多的国外中间品来实现节能减排成本的替代；长期内，严格的国内环境规制促使污染密集型进行技术创新，提高生产效率，改善生产工序，降低国内生产成本，提高国内中间产品的使用率，降低对国外进口中间品的依赖，导致参与国际垂直专业化分工程度降低。另外，由回归系数可知，污染密集型行业环境规制对垂直专业化的影响效应小于清洁型行业。这表明污染密集型行业需要做出更多的工作，制定更为严格的环境规制政策，才能获得与清洁型行业同等的效果，实现技术创新。

从模型（8）和模型（9）可以看出，无论是污染密集型行业还是清洁型行业，行业规模对垂直专业化均具有显著的正向影响，行业技术复杂度显著促进行业参与国际垂直专业化分工，行业开放程度对垂直专业化具有促进作用，行业进口中间投入依存度对垂直专业化有正向作用，而行业国内中间投入依存度具有负向作用。并且，行业技术复杂度对垂直专业化的影响效应动态模型明显高于静态模型。这表明技术复杂度对垂直专业化的影响随着时间的积累越来越明显。所有控制变量的回归符号均与前文一致。

五、结论及政策建议

本章基于 WIOD 中环境账户表和非竞争型投入产出表提供的面板数据，测算了中国 35 个行业 1995~2009 年的国内环境规制强度（ERS）和垂直专业化比重（VSS），并在考虑行业规模、行业技术复杂度、行业开放程度和行业中间投入来源等因素的基础上，构建了分析国内环境规制对垂直专业化影响的静态模型和包含因变量滞后一期的动态模型，并得到如下结论：

第一，静态模型中，整个行业和清洁型行业环境规制的提升对垂直专业化水平具有显著的抑制作用，行业国内环境规制越严格，垂直专业化程度越低，会抑制参与产品内分工程度。这可能与环境规制促进行业技术创新、提高行业生产效率有关。短期内污染密集型行业较严格的环境规制能促进垂直专业化水平，严格的国内环境规制会提升污染密集型行业中间产品的生产成本，促进相关中间产品进口，提高参与国际垂直专业化分工程度，表明短期内严格的国内环境规制会降低我国污染密集型行业污染环节中间产品的比较优势，国内环境规制对垂直专业化的影响主要表现为成本效应。

第二，动态模型中，污染密集型行业和清洁型行业较严格的环境规制均会对垂直专业化水平产生负面影响，污染密集型行业环境规制回归系数与静态模型相反，这意味着长期过程中，严格的国内环境规制对垂直专业化水平存在抑制作用，说明长期内严格的国内环境规制将促使污染密集型行业进行技术创新，提高生产效率，降低对国际市场中间产品的需求，进而降低垂直专业化程度。进一步观察发现，污染密集型产业国内环境规制对垂直专业化比重的影响效应小于清洁型产业，提高污染密集型产业的国内环境规制，我国可以通过提高技术创新水平逐渐消除其负面影响，提升我国在污染密集型产业中间投入产品环节的比较优势。对清洁型产业而言，提升国内环境规制强度对生产成本的影响和技术创新水平的促进作用均较小，但对外商直接投资会产生较大的影响，导致国内环境规制对清洁型产业垂直专业化水平的影响较大。

第三，我国行业垂直专业化比重的提高具有明显的动态积累效应，行业融入全球生产链、参与国际分工体系是一个长期的过程。行业规模、行业技术复杂度、行业开放程度越大，垂直专业化程度越高，参与国际分工体系越深。

在各国制定不同强度环境规制政策的背景下，上述结论对我国环境政策的制定具有一定的政策启示。一是对污染密集型行业实施逐渐严格的环境规制政策，在短期内严格的环境规制会降低其中间投入品的比较优势，提高其参与国际分工的程度，融入全球生产链；在长期内有更为严格的环境规制政策推动其进行技术创新，降低对国外进口中间品的依赖，提升在全球生产链中的地位。二是提升环境规制水平对清洁型产业外资引进有较大的抑制作用，不利于清洁型产业进一步开放。三是实现行业自主创新对进口中间品的替代，注重参与国际分工的长期利益，在加强我国环境规制的同时政府可制定配套的产业扶持政策，减小环境规制对污染密集型产业中间投入产品短期比较优势的影响，避免这些行业落入进口替代的陷阱。

参考文献

陈丰龙、徐康宁：《中国出口贸易垂直专业化的地区差异及其影响因素》，《世界经济研究》，2012 年第 6 期。

陈坤铭、季彦达、张光南：《环保政策对“中国制造”生产效率的影响》，《统计研究》，2013 年第 9 期。

戴魁早：《中国高技术产业垂直专业化影响因素研究——基于各行业和各地区面板协整的实证检验》，《财经研究》，2011 年第 5 期。

董广茂、李伟力、张江涛：《技术创新对产业垂直专业化影响研究——基于技术溢出的视角》，《西安工业大学学报》，2013 年第 1 期。

董敏杰、梁泳梅、李钢：《环境规制对中国出口竞争力的影响——基于投入产出表的分析》，《中国工业经济》，2011 年第 3 期。

冯志坚：《垂直专业化的决定因素与国际贸易——基于中国工业行业数据的经验研究》，《统计与信息论坛》，2012 年第 12 期。

傅京燕：《环境规制、要素禀赋与我国贸易模式的实证分析》，《中国人口・资源与环境》，2008 年第 6 期。

傅京燕、李丽莎：《环境规制、要素禀赋与产业国际竞争力的实证研究》，《管理世界》，2010 年第 10 期。

胡昭玲：《国际垂直专业化分工与贸易：研究综述》，《南开经济研究》，2006 年第 5 期。

江珂：《中国环境规制对外商直接投资的影响研究》，华中科技大学博士学位论文，2010 年。

李宏兵、赵春明：《环境规制影响了我国中间品出口吗——来自中美行业面板数据的经验分析》，《国际经贸探索》，2013 年第 6 期。

李玲、陶锋：《中国制造业最优环境规制强度的选择——基于绿色全要素生产率视角》，《中国工业经济》，2012 年第 5 期。

李真、黄达、刘文波：《中国工业部门外商投资的环境规制约束度分析》，《南开经济研究》，2013 年第 5 期。

卢锋：《产品内分工》，《经济学》（季刊），2004 年第 4 卷第 1 期。

陆旸：环境规制影响了污染密集型商品的贸易比较优势吗?》，《经济研究》，2009 年第 4 期。

马光明、邓露：《加工贸易比重、汇率与贸易顺差关联性的实证研究》，《财贸经济》，2012 年第 12 期。

梅国平、龚海林：《环境规制对产业结构变迁的影响机制研究》，《经济经纬》，2013 年第 2 期。

唐东波：《市场规模、交易成本与垂直专业化分工——来自中国工业行业的证据》，《金融研究》，2013 年第 5 期。

唐英杰：《垂直专业化、环境规则和中国工业的贸易竞争力》，《世界经济研究》，2013 年第 7 期。

文东伟：《经济规模、技术创新与垂直专业化分工》，《数量经济技术经济研究》，2011 年第 8 期。

谢锐、赖明勇、李董辉、王腊芳：《东亚国家出口品的国内技术含量动态变迁研究》，《系统工程理论与实践》，2013 年第 33 卷第 1 期。

殷宝庆：《环境规制与技术创新——基于垂直专业化视角的实证研究》，浙江大学博士学位论文，2013 年。

张成、陆旸、郭路、于同申：《环境规制强度和生产技术进步》，《经济研究》，2011 年第 2 期。

赵细康：《环境保护与产业国际竞争力：理论与实证分析》，中国社会科学出版社 2003 年版。

朱平芳、张征宇、姜国麟：《FDI 与环境规制：基于地方分权视角的实证研究》，《经济研究》，2011 年第 6 期。

Berman E. and L. T. M. Bui., "Environmental Regulation and Productivity: Evidence from Oil Refineries", *The Review of Economics and Statistics*, No. 3, Vol. 83, 2001.

Ederington, Levinson and Minier, " Footloose and Pollution - free", *The Review of Economics and Statistics*, Vol. 87, 2005.

Feenstra Robert C. and Gordon H. Hanson, " Globalization, Outsourcing, and Wage inequality", *American Economic Review*, Vol. 86, 1996.

Fleishman, " Does Regulation Stimulate Productivity? The Effect of Air Quality Policies on the Efficiency of US Power Plants", *Energy Policy*, Vol. 37, 2009.

Garicano L. and T. Hubbard, " Specialization, Firms and Markets: The Division of Labor within and between Law Firms", NBER Working Papers, 2003.

Hummel D., Ishii J. and K. M. Yi., "The Nature and Growth of Vertical Specialization in World Trade", *Journal of International Economics*, Vol. 54, 2001.

Horbach J., "Determinants of Environmental Innovation—New Evidence from German Panel Data Sources", *Research Policy*, Vol. 37, 2008.

Lanoie P., Patry M., Lajeunesse R., "Environmental Regulation and Productivity: Testing the Porter Hypothesis", *Journal of Productivity Analysis*, Vol. 30, 2008.

Midelfart-Knarvik K. H., H. G. Overman, S. I. Redding and A. J. Venables, "The Location of European Industry", *Oxford Development Study*, Vol. 3, 2003.

Oliver Schenker, Simon Koesler, and Andreas Loschel, "Climate Policy and Vertical Specialization in Multi - Stage Production Processes", Working Paper, 2013.

Quiroga M. Sterner T. and Persson M., "Have Countries with Lax Environmental Regulation a Comparative Advantage in Polluting Industries?", *Working Papers in Economics*, *Goteborg University*, *Department of Economics*, 2009.

Valeria Costantinia, Massimiliano Mazzanti, "On the Green and Innovative Side of Trade Competitiveness? The Impact of Environmental Policies and Innovation on EU Exports", *Research Policy*, Vol. 41, 2012.

第三章

天然气价格改革的公平与效率影响

随着中国经济的中高速增长，能源消费量呈现高速增长态势，特别是以煤为主的化石能源消费不断增长，随之而来的环境问题越来越严重。改善空气质量及应对全球气候变化的严峻形势与任务，都要求中国必须尽快转变以非清洁煤炭为主的能源消费结构，增加天然气等低碳甚至无碳清洁能源的消费比例。国务院办公厅印发《能源发展战略行动计划（2014~2020年）》中明确提出，到2020年，天然气占一次能源消费的比重达到10%以上。为了达到这一目标，中国不仅要在国际市场上大量进口天然气，同时从能源供应安全的角度来看，需要加大国产天然气的供给能力。因此，如何推动天然气开采业的发展，增加国产天然气的供给能力是当前面临的一个重要问题。

目前，中国在天然气开采业发展的过程中还存在问题。由于存在行政垄断，天然气价格受到政府管制，尚未形成市场化的定价机制。天然气开采业的勘探与开发并未彻底放开，在全国范围内只有中石油、中石化以及中海油能够勘探开发天然气，由其生产的天然气产量占全国总产量的95%以上（丁浩等，2012）。中国政府通过运用公共权力对市场竞争进行了限制和排斥，从而将天然气开采业市场掌控在三大国有油企手中。这样做的后果是，天然气供应企业缺乏有效竞争，受到行政保护的寡头垄断企业获得了高额的垄断利润，对环境公平与经济效率都产生了不利影响。

鉴于此，本章对天然气开采业破除行政垄断，取消政府管制，实现市场化的定价方式进行了模拟研究，以期全面量化中国天然气开采业市场化改革的公平与效率影响。

一、文献综述

我国天然气开采业寡头垄断的市场结构并不是“自然”形成的，其垄断地位的维持有赖于政府的行政保护，根本原因在于国家机构运用公共权力对市场竞争的限制，是政府强力干预市场的结果。

一般而言，经济学家普遍认为竞争程度更高的市场相对具有优势，因为竞争能够促进经济体系中效率的改善。自20世纪80年代以来，以美国为首的发达国家对天然气的市场化改革波及全球，天然气已经不再受到政府的严格管制，而是逐步地实现了完全的市场化，从而促进了天然气产业的快速发展。在世界范围内，天然气产业市场化已经成为各国天然气产业改革的方向。而各国由于所处的天然气市场阶段不同，因而学者对天然气产业管制改革的研究表现出差异性。具体而言，对于天然气市场化改革较早的国家，如北美、欧洲等国，对于天然气市场化的研究多集中于对政策改革效果的检验；对于天然气市场化改革起步较晚的国家，如俄罗斯、中国等，对天然气市场化改革的研究多集中于对是否应该进行改革以及改革的后果等方面的研究。Arano（2008）对美国过去30年间所实行的对天然气产业放松管制的政策效果进行了分析，估算了由于管制改革引起的福利变化和价格变化。结果显示，随着时间的推移，天然气的需求由下降转为逐渐增加，供给增加明显，天然气价格逐渐趋同，但是1977~2000年总的福利损失了154.7亿美元。近年来，Mohammadi H.（2011）详细区分了美国的天然气价格类型：两种供给侧市场上的价格（进口价格和城市门站价格）、四种需求侧市场（电力、工业、民用、商业）上的价格。研究发现，天然气价格能够顺畅地从上游传导到下游，表明天然气市场化程度较高，但是天然气价格仍然受到体制机制因素的影响。Olsen等（2015）选取了美国和加拿大的11个天然气市场进行了研究，结果表明，该11个天然气市场是一体化的，且距离较近的地区价格趋同现象更加明显。此外，欧洲也在积极推进整个欧盟天然气市场的竞争程度，分别于1998年、2003年以及2009年颁布了三个旨在促进欧盟天然气市场化的改革指令。Robinson（2007）和Renou-Maissant（2012）对指令颁布后欧盟天然气的市场化程度进行了研究，结果表明，大部分欧盟成员国的天然气价格趋同现象明显，市场化程度加深。

上述研究对于北美、欧洲等国天然气产业放松管制的效果进行了深入研究，普遍认为天然气产业放松管制的政策取得了良好的效果。但是，还有许多国家，如俄罗斯、中国等的天然气市场仍然受到政府管制，学者对俄罗斯天然气产业放松管制的后果也进行了相关研究。Locatelli（2003）在分析了俄罗斯实际的天然气产业结构、天然气产业的改革内容和改革目的后，认为有必要逐步引入市场竞争机制。但是对天然气产业的改革必须考虑到实际的宏观经济以及利益相关者的权益。而Grigoryev（2007）持不同意见，他认为俄罗斯在国内销售的天然气价格低于其边际成本，如果对天然气产业放松管制，实行自由化，将会提高国内天然气的价格水平，对于国内消费者的冲击较大，因而放松管制并不合时宜，更合理的政策在于确保投资者得到合理的投资回报率。与上述学者不同，Tsygankova（2010）对俄罗斯天然气产业引入市场竞争机制进行了研究。结果发现，引入市场竞争机制将会影响俄罗斯国内天然气市场以及欧洲天然气市场，使得欧洲消费者和国内消费者受益，但是对俄罗斯的整体福利影响存在不确定性，因为引入市场竞争机制后，俄罗斯出口欧洲的天然气价格将下降，因而对俄罗斯的整体福利影响主要取决于俄罗斯的高兹普罗姆公司（Gazprom）在俄罗斯与欧洲天然气市场各自的市场份额大小。

国内对天然气产业管制改革的实证研究较少，主要关注于对天然气价格的研究，如王婷等（2012）对中国天然气价格改革进行了研究，但是该研究把天然气价格改革归结为提价，仅分析了提高天然气价格的经济影响。而针对天然气管制改革的理论研究较为丰富，如学者檀学燕（2008）、吴晓明等（2013）、Paltsev 和 Zhang（2015）基于理论视角提出应该在当前的天然气开采业市场环境下引入市场竞争机制，但是缺乏相应的实证分析作为依据。而与天然气市场类似的电力市场，学者着墨颇多。Hosoe（2006）对日本电力部门取消政府管制的经济影响的研究发现，电力部门的自由化促进了居民福利的改善以及 GDP 的增长，此外，还提高了电力部门的生产效率，降低了电力价格（19%）。Akkemik 和 Oguz（2011）针对土耳其电力部门取消政府管制的经济影响进行了研究，模拟结果显示，电力部门的自由化促进了电力部门效率的增进，降低了能源价格水平，提高了产出、居民福利以及 GDP。陈素梅等（2012）首次对中国电力部门取消政府管制的经济影响进行了研究，发现解除发电侧管制不仅拉动了 GDP 的增长，还能有效抑制通货膨胀、促进就业和居民福利改善，因而得出了在中国国情下，须建立真正的发电侧自由竞争的市场，推进电力市场化改革的结论。

通过上述文献回顾，发现对天然气价格市场化改革的理论研究较为充分而实证研究不足，为了弥补这一不足，本章通过构建基于新古典闭合框架下的静态 CGE 模型，采用长期比较静态模拟对天然气开采业取消政府管制进行了模拟分析，系统全面地反映了放开天然气出厂价格对中国的大气污染物排放以及经济的影响。该问题的研究为政府制定天然气产业政策提供了可资借鉴的依据。

二、模型构建

为了能够模拟具有中国特色（不完全竞争市场）的政府规制天然气价格变动的影响，这里构建了相应的静态 CGE 模型。经过对有关产业部门的整合与重新划分，模型主要包括六个能源部门：天然气开采业，石油开采业，煤炭开采业，石油加工业，燃气生产和供应业，电力、热力的生产和供应业。模型还包括七个非能源部门：农业、化学工业、建筑业、交通运输及仓储邮政业、轻工业、重工业、服务业。要素包括资本和劳动，未考虑土地等生产要素。国内经济体主要包括居民、企业以及政府。

模型的主要模块包含生产与贸易模块、价格模块、机构模块、环境模块以及宏观闭合模块。在此对各模块的设定如下所述：

（1）生产与贸易模块。在生产模块中，生产函数由五层嵌套函数结构来描述。最低一层采用 CES 函数形式，主要由天然气、原油、煤炭、石油、燃气复合形成化石能源复合品，化石能源复合品与电力能源形成能源复合品，能源复合品与资本结合形成能源—资本复合品，然后与劳动结合，形成能源—资本—劳动束。最后，在最高一层，采用列昂惕夫函数形式，能源—资本—劳动束与中间产品结合，形成总产出。在贸易中，国内总产出分成两个部分，一部分用于出口，另一部分用于国内销售。国内总产出在出口和内销之间的分配采用常弹性转换函数（CET）形式。对于进口商品，采用阿明顿（Armington）假设，即假设不同国家生产的同一商品具有不完全替代性。进口品与国内生产国内销售品组成用于满足国内各种需求（包括中间投入需求、居民消费需求、政府消费需求以及投资需求）的最终产品。

（2）价格模块。在 CGE 模型系统中，各种实物流以及名义流通过价格联系在一起。该价格模块描述了各种销售价格与成本价格以及税率之间的关系。部门产品的单位成本为中间投入成本与生产要素投入成本之和。在部门产品的单位成本之上加上生产税即为部门产品的基本价格。在天然气部门中，基本价格再加上超额利润为部门的销售价格。在该模型中，到岸价与离岸价被假定为不变，未考虑出口税而仅考虑进口税。政府消费价格指数由政府消费的各产品价格的加权平均得到，其权数为政府在各商品上的消费量占总消费量的比例。资本品价格由各部门的投资品价格的加权平均得到，其权数为各部门实际使用的投资品占新形成的固定资本的比例。

（3）机构模块。这一部分主要描述家庭、企业与政府的收入和支出。本模型假定居民是劳动的所有者，因而全部劳动收入归居民所有。资本要素收入在居民、企业以及国外合理分配，因而居民根据其拥有的资本份额，获得合理的资本要素报酬，再加上企业、政府对居民的转移支付以及居民的国外收益，最终形成居民的总收入。在扣除居民个人所得税以及居民储蓄后，剩余部分为居民可支配收入。居民效用函数可采用柯布—道格拉斯效用函数形式。企业收入为其所拥有的资本要素收入以及超额利润之和。企业一方面要缴纳所得税，另一方面要给居民一部分转移支付，剩余的作为企业储蓄。政府收入包括个人所得税、企业直接税、进口关税、生产税以及政府的国外收入。同时，政府把收入用于对居民和企业的转移支付、政府储蓄以及政府消费。

（4）环境模块。该模块主要是计算氮氧化物、二氧化硫以及粉尘颗粒的排放，主要难点在于确定大气污染物的排放系数。娄峰（2014）针对确定二氧化碳排放系数总结了三种方法：方法一，根据 IPCC（联合国政府间气候变化专门委员会）编制的《IPCC 国家温室气体减排排放清单指南》（能源）中的有效二氧化碳排放因子，再通过实物消费量与实际热量的相互转换得到；方法二，直接引用《日本能源经济统计手册》中的排放系数；方法三，利用国际能源署的“International Energy Statistics”中的统计数据，通过中国三种化石能源的二氧化碳排放量与能源的实际消费量来计算。本章选用方法三，同时根据陆家亮等（2013）引用的 EIA（1998）总结的不同化石能源的大气污染物排放对比确定氮氧化物、二氧化硫以及粉尘颗粒的排放系数。

（5）宏观闭合模块。该模块主要描述 CGE 模型的均衡关系。主要包括要素市场出清、商品市场出清、政府收支均衡、国际收支均衡以及投资储蓄均衡。本章在新古典闭合规则框架下，采用长期比较静态分析的方法进行模拟。模型假定要素市场出清，劳动力总供给量以及资本总供给量外生且均可以在部门之间自由流动。

三、政策模拟

取消政府管制对大气污染物排放的影响如表 3-1 所示，对宏观经济的影响如表 3-2 所示，对部门经济的影响如表 3-3 所示。

（一）对大气污染物排放的影响

取消政府管制后，氮氧化物的排放增加了 0.020%，单位 GDP 氮氧化物排放增加了 0.018%；二氧化硫以及粉尘颗粒的排放均降低了 0.002%，单位 GDP 二氧化硫排放以及单位 GDP 粉尘颗粒排放均降低 0.004%（见表 3-1）。氮氧化物的排放水平增加，表明经济体系中对化石能源的消费有所增加。然而单位 GDP 大气污染物排放均小于大气污染物排放，表明经济体系中化石能源消费清洁度提高，单位 GDP 所消耗的化石能源中，天然气的消费比重相对增加。

表 3-1　取消政府管制的大气污染物排放效果模拟　　单位：%

氮氧化物排放	0.020
单位 GDP 氮氧化物排放	0.018
二氧化硫排放	-0.002
单位 GDP 二氧化硫排放	-0.004
粉尘颗粒排放	-0.002
单位 GDP 粉尘颗粒排放	-0.004

氮氧化物、二氧化硫以及粉尘颗粒是构成雾霾的三种主要污染物，前两者为气态污染物，后者则是造成雾霾问题的最主要原因。模拟结果显示，取消政府管制后，尽管氮氧化物的排放有所增加，但是二氧化硫以及粉尘颗粒的排放将会减少，因此，取消政府管制能够缓解雾霾问题。同时，本章进行了敏感性检验。敏感性检验结果表明，化石能源之间的替代弹性越大，取消政府管制越有利于改善空气质量，缓解雾霾问题，而能源之间的替代弹性越小则起到相反的效果。

（二）对宏观经济的影响

取消政府管制后，资本价格变化较小，考虑到企业收入主要来源于企业的资本收入，因而企业收入也保持不变。此外，劳动价格上涨了0.005%，并且政府收入增加，其对居民的转移支付水平增加，因而居民收入水平增加了0.005%。同时居民消费价格指数（CPI）下降了0.001%，因而居民的消费水平以及居民福利（EV）均出现一定程度的增长，均为0.005%。

取消政府管制后，政府收入水平增加了0.003%，政府消费水平增加了0.001%。由于居民收入以及政府收入均出现一定程度的增加，企业收入保持不变，表明居民储蓄以及政府储蓄增加，企业储蓄不变，国外储蓄增加了0.011%。

总体而言，取消政府管制后将会使得居民消费价格指数（CPI）下降0.001%，总进口不变，总出口增加了0.016%，在居民消费、政府消费、投资、进口以及出口的综合作用下，实际GDP出现一定程度的增长（0.002%）（见表3-2）。

表3-2　取消政府管制的宏观经济效果模拟　　单位:%

项目	数值
实际GDP	0.002
居民收入	0.005
居民消费	0.005
居民福利（EV）	0.005
政府收入	0.003
政府消费	0.001
企业收入	0.000
国外储蓄	0.011
投资	0.000
进口	0.000
出口	0.016
CPI	-0.001
资本价格	0.000
劳动价格	0.005

（三）对部门经济的影响

取消政府管制将会使得经济体系的各种生产要素以及商品之间的相对价格发生变化，而价格的变化不仅会导致不同经济主体的收入与支出行为发生变化，还会使得不同产业部门的生产投入结构发生变化，整个经济体系将会进行调整，最终达到新的均衡状态。由于原本的均衡状态发生了变化，资源得到了重新配置，经济体系内原本的经济结构被打破，产业结构也进行了相应的调整。

从天然气开采业发展的角度而言，取消政府管制，天然气的最终消费价格下降，经济主体增加了对天然气的消费需求。在新的均衡状态下，天然气的生产成本降低了 0.766%，产量增加了 1.972%，最终消费增加了 0.633%（见表 3-3），有利于天然气产业的发展。

表 3-3　取消政府管制的部门经济效果模拟　　单位：%

	产出	成本价格	进口	出口	资本	劳动	最终消费
天然气开采业	1.972	-0.766	-0.712	4.940	-7.876	1.947	0.633
石油开采业	-0.003	0.001	-0.001	-0.007	-0.003	-0.004	-0.002
煤炭开采和洗选业	-0.003	0.002	0.002	-0.009	-0.002	-0.003	-0.002
石油加工、炼焦及核燃料加工业	-0.001	0.000	-0.002	0.000	-0.001	-0.006	-0.001
燃气生产和供应业	0.007	-0.003	—	—	0.006	0.005	0.007
电力、热力的生产和供应业	0.006	0.001	0.007	0.006	0.006	0.005	0.006
农林牧渔业	-0.001	0.003	0.009	-0.013	0.001	-0.001	-0.001
化学工业	0.009	-0.003	-0.004	0.025	0.009	-0.002	0.006
建筑业	-0.001	0.001	0.003	-0.006	0.001	-0.002	-0.001
交通运输、仓储和邮政业	0.001	0.001	0.005	-0.002	0.002	-0.001	0.002
轻工业	0.001	0.001	0.005	-0.004	0.003	-0.002	0.002
重工业	0.007	0.001	0.009	0.004	0.009	0.004	0.008
服务业	0.000	0.002	0.005	-0.005	0.002	-0.001	0.001

取消政府管制后，不同产业部门的生产投入结构也发生了变化，直接表现为优化了各种商品的中间投入，除燃气业以及化学工业的生产成本之外，所有行业的生产成本均有所下降。原因在于天然气的成本下降使得产出价格发生同向变化，从而降低了燃气业与化学工业使用天然气的中间投入成本，最终使得该产业部门的成本价格均下降。在产量方面，天然气开采业，燃气生产和供应业，电力、热力的生产和供应业，化学工业，交通运输、仓储和邮政业，轻工业以及重工业的产量水平均略有增长，其中天然气开采业的产量增加幅度最高。

取消政府管制后，资本价格水平下降，经济体系对资本的需求降低。在天然气开采业部门，资本将会从天然气开采业转移到其余产业部门，资本需求下降7.876%。石油开采业，煤炭开采和洗选业，石油加工、炼焦及核燃料加工业的资本需求也均出现不同程度的下降，而燃气生产和供应业，电力、热力的生产和供应业，农林牧渔业，化学工业，建筑业，交通运输、仓储和邮政业，轻工业，重工业以及服务业的资本需求则均出现一定程度的增长，表明经济体系的资本要素在各个生产部门之间得到了更加有效的配置。此外，不同产业部门对劳动的需求也发生变化。具体而言，天然气开采业，燃气生产和供应业，电力、热力的生产和供应业，重工业的劳动需求均出现不同程度的增加，而石油开采业，煤炭开采和洗选业，石油加工、炼焦和核燃料加工业，农林牧渔业，化学工业，建筑业，交通运输、仓储和邮政业，轻工业以及服务业的劳动需求则出现不同程度的下降。取消政府管制后，资本与劳动在不同产业部门之间进行了重新配置，要素在产业部门之间的配置趋于合理，消除了“A-J”效应。

取消政府管制后，绝大多数部门产品的进口均出现不同程度的降低，其中天然气开采业的进口降低幅度最大，为0.712%；对于出口而言，天然气开采业的出口增加了4.940%。主要原因在于，本章构建的模型假定商品的世界价格被固定在基期水平，而由于天然气开采业的成本价格下降，使得天然气部门的生产成本下降，导致国内生产的天然气更具竞争优势，从而使得天然气的进口降低，而出口增加。

在最终消费方面：就能源产品而言，天然气开采业、燃气生产和供应业以及电力、热力的生产和供应业的消费分别增加了0.633%、0.007%、0.006%，石油开采业、煤炭开采和洗选业以及石油加工、炼焦及核燃料加工业分别降低了0.002%、0.002%、0.001%，经济主体将会被激励于消费低碳能源而降低高碳能源的消费，从而改善了能源消费结构；就非能源产品而言，除农业以及建筑业的消费有所下降外，其余商品均有所增加。

在天然气开采业引入市场竞争机制，取消政府管制后，对实际 GDP 有正向影响，促进实际 GDP 增长了 0.002%。对于实际 GDP 的增长可以从供给侧以及需求侧进行总结：在供给侧，取消政府管制后，生产要素在部门之间自由流动，其配置更加合理，各产业部门也重新调整了对中间产品的投入结构，优化了资源配置，提高了各种资源的利用效率，促进了国内各产业部门产出的增长；在需求侧，取消政府管制后，对居民的收入水平有正向影响，而这将会通过收入效应导致各产品的最终消费需求的增长。在整个经济体系中，总供给等于总需求，总供给的增长也等于总需求的增长，最终促进了实际 GDP 的增长。因此，对天然气开采业取消政府管制，放开天然气的出厂价格有助于促进经济效率的改善。

四、研究结论以及政策讨论

目前，对于中国天然气产业管制的研究多停留于理论层面，缺乏相应的实证分析。本章以天然气开采业为切入点，通过构建新古典闭合框架下的静态 CGE 模型，运用长期比较静态模型模拟了天然气开采业取消政府管制的公平与效率影响。模拟结果表明：对天然气开采业取消政府管制，放开天然气的出场价格，形成市场化的定价机制有助于缓解雾霾问题（改善环境公平）；居民福利增加，CPI 降低，实际 GDP 增长，要素配置更加合理，部门生产成本降低（促进经济效率）。因此，本章的研究具有以下政策含义：

第一，破除政府对天然气开采业的行政垄断，降低政府对市场的不合理干预，推动天然气开采业的市场化进程。从美国对天然气产业引入市场竞争机制的经验来看，首先就是要实现天然气开采业环节的竞争，保证气源的稳定，然后逐步放松天然气的价格规制。而长期以来，中国天然气开采业受到政府的行政保护，市场主要集中在国有集团公司手中。政府为了促进国内天然气消费市场的快速发展，天然气生产价格水平持续低位运行，致使天然气的供给不足，多次出现“气荒”现象。为此，政府于 2013 年开始对天然气采取市场净回值的定价方式（罗慧霞，2013），天然气供给价格水平上涨明显，鼓励了天然气的生产与供应。值得注意的是，在保持国有企业行政垄断地位不变的条件下，天然气价格改革并没有促进企业之间的竞争，而是给国有垄断企业带来了更多的垄断利益。因此，破除行政垄断，引入市场竞争机制，鼓励天然气生产企业之间的竞争，降低天然气的生产成本，提高天然气产量，才能从根本上促进天然气的消费，保证天然气的供应安全。

第二，厘清垄断企业登记的区块存量，解决垄断企业对区块的“圈而不探”问题。天然气作为特定的矿产资源，在全国范围内具有油气勘查资质的企业只有中石油、中石化以及中海油三大集团公司，中石油与中石化瓜分了陆上油气区块，中海油则掌握了海上油气区块，但是在众多的油气区块中，“圈而不探”的现象严重。这在另一层面上印证了打破行政垄断的必要性和迫切性，通过引入多元化的市场竞争主体刺激企业勘探开发天然气资源的积极性。此外，一方面，政府要对“圈而不探”的企业实行相应的惩罚措施，收回其勘探开发的权利；另一方面，还要建立探矿权、采矿权交易和流转的市场制度，逐步建立完备的信息共享机制。

第三，加大对社会资本进入非常规天然气开采业领域的支持力度，加快放开页岩气、煤层气以及煤制气等非常规天然气开采环节的步伐，尽快落实非常规天然气的价格市场化进程。由于非常规天然气与天然气具有较大的可替代性，非常规天然气开采业的快速发展，势必形成与天然气开采业相互竞争的市场格局，从而起到刺激天然气开采业企业降低生产成本、提高产品质量以及产量的作用。

第四，对天然气产业实行结构重组，避免天然气供应企业的纵向一体化。天然气产业在由一家或几家企业主导的情况下，新进入天然气开采业的企业很难与在位企业开展公平竞争，因为在位企业可以利用不正当竞争方式进行“竞争”，比如可以通过在具有强自然垄断性质的管道运输业务与竞争性业务之间采取交叉补贴战略以驱逐竞争对手。在世界范围内来看，促进天然气产业自由化的一个重要措施在于将管道公司的管输和销售业务分离。而目前中国对天然气的定价方式正在从成本加成法向市场净回值法转变，而市场净回值法的定价方式正是将天然气的出厂价格与管输价格绑定在一起，长期来看，不利于天然气产业引入市场竞争机制。因此，应该逐渐将管道运输业务与开采业务分离，实现管道公司运营的独立性，最终实现管道公司对所有用户的无歧视准入。

参考文献

陈素梅、何凌云：《政府与市场的合理边界：从中国电力市场化改革的视角》，《世界经济文汇》，2012 年第 5 期。

丁浩、刘玲、陈绍会：《我国天然气定价机制改革的影响及其政策建议：基于“两广”地区天然气价格形成机制改革的实践》，《价格理论与实践》，2012 年第 6 期。

娄峰：《碳税征收对我国宏观经济及碳减排影响的模拟研究》，《数量经济技术经济研究》，2014 年第 10 期。

陆家亮、赵素平：《中国能源消费结构调整与天然气产业发展前景》，《天然气工业》，2013 年第 11 期。

罗慧霞：《完善中国天然气价格形成机制研究》，《价格理论与实践》，2013 年第 9 期。

檀学燕：《我国天然气定价机制设计》，《中国软科学》，2008 年第 10 期。

王婷、孙传旺、李雪慧：《中国天然气供给预测及价格改革》，《金融研究》，2012 年第 3 期。

吴晓明、张锵皕、唐燕、胡国松：《天然气价格形成机制改革及其影响效应初探》，《软科学》，2013 年第 8 期。

严海宁、汪红梅：《国有企业利润来源解析：行政垄断抑或技术创新》，《改革》，2009 年第 11 期。

Akkemik K. A., Oguz F., “Regulation, Efficiency and Equilibrium: A General Equilibrium Analysis of Liberalization in the Turkish Electricity Market”, *Energy*, Vol. 36, No. 5, 2011.

Arano K. G., B. F. Blair, “An Ex-post Welfare of Analysis of Natural Gas Regulation in the Industrialsector”, Energy Economics, Vol. 30, No. 3, 2008.

Grigoryev Y., “Today or not Today: Deregulating the Russian Gas Sector”, *Energy Policy*, Vol. 35, No. 5, 2007.

Hosoe N., “The Deregulation of Japan's Electricity Industry”, *Japan and the World Economy*, Vol. 18, No. 2, 2006.

Locatelli C., “The Viability of Deregulation in the Russian Gas Industry,”

Journal of Energy and Development, Vol. 28, No. 2, 2003.

Mohammadi H., " Market Integration and Price Transmission in the U. S. Natural Gas Market: From the Wellhead to End Usemarkets", *Energy Economics*, Vol. 33, No. 2, 2011.

Olsen K., J. Mjelde, D. Bessler, "Price Formulation and the Law of One Price in Internationally Linked Markets: An Examination of the Natural Gas Markets in the USA and Canada", *The Annals of Regional Science*, Vol. 54, No. 1, 2015.

Paltsev S., Zhang Danwei, " Natural Gas Pricing Reform in China: Getting Closer to a Market System?", *Energy Policy*, Vol. 86, 2015.

Renou-Maissant P., " Toward the Integration of European Natural Gas Markets: A Time-varying Approach", *Energy Policy*, Vol. 51, No. 6, 2012.

Robinson T., "Have European Gas Prices Converged?", *Energy Policy*, Vol. 35, No. 4, 2007.

Tsygankova M., "When is a Break-up of Gazprom Good for Russia?", *Energy Economics*, Vol. 32, No. 4, 2010.

第四章

碳税对我国进出口贸易的影响研究

一、引言

近年来我国环境污染问题愈演愈烈，大面积国土长期受到雾霾天气的笼罩，严重影响了居民的健康和经济的可持续发展。那么，我国实施怎样的环境规制政策才能走上低碳绿色与经济健康发展两者兼得之路呢？从发达国家的实践来看，碳税是一种有代表性的环境规制政策，自 1990 年以来，芬兰、瑞典、挪威和丹麦等北欧国家开始征收碳税，对这些国家实现绿色发展发挥了重要作用。然而，许多国家由于担心征收碳税将影响本国产品的国际竞争力，因而迟迟难以决定是否实施这项政策。自改革开放以来，我国经济高速发展，而对外贸易则被誉为我国经济增长的“三驾马车”之一。那么征收碳税对中国的产品竞争力和对外贸易将产生怎样的影响？这无疑是中国推进低碳绿色经济发展所需要考虑的一个重大现实问题。

贸易与环境的关系是经济学的一个重要研究领域。许多学者对贸易的环境影响进行了理论和实证研究。反过来，也有许多学者从理论和实证的角度对环境规制的贸易影响进行了有益的探究。学界对于贸易的环境影响具有比较一致的理解，即贸易会从规模、技术、结构等诸多方面对环境产生有利或不利的影响，而最终的影响取决于这些影响的合力。然而，学界远未就环境规制的贸易影响达成共识。

学界在环境规制的贸易影响上的分歧首先表现在理论认识方面。“污染避风港假说”认为，环境规制会影响污染密集型产业的竞争力，并导致这些产业从规制严格的地区流向规制宽松的地区。而“要素禀赋假说”则认为，竞争力和贸易模式主要取决于要素禀赋和技术水平，环境规制对竞争力和贸易模式没有影响或影响甚微（Copeland 和 Taylor，2004），“波特假说”甚至认为，加强环境规制有助于提升竞争力（Porter 和 VanderLinde，1995）。

从实证分析来看，大部分计量实证研究结果（Tobey，1990；Jaffe 等，1995；陆旸，2009）支持“要素禀赋假说”或“波特假说”，而支持“污染避风港假说”的研究结果很少①。这主要是因为“污染避风港假说”把环境政策当作竞争力和贸易模式的唯一影响因素，而现实世界中则是多种因素共同作用于竞争力和贸易模式，环境政策只是其中一种影响力十分有限的因素（Jaffe、Peterson、Portney 和 Stavins，1995；Copeland 和 Taylor，2004）。

然而，近年来一些基于系统性政策模型的实证研究则似乎表明，环境规制对竞争力和贸易有显著影响。Dissou 和 Eyland（2011）应用可计算一般均衡（Computable General Equilibrium，CGE）模型的分析表明，碳税（40 美元/吨）会显著降低加拿大各部门的竞争力，并使其进出口总量下降。财政部财政科学研究所课题组（2009）应用 CGE 模型研究了中国开征碳税的影响，发现开征碳税对高耗能行业的出口有负面影响。Li、Wang和Zhang（2012）基于 CGE 模型分析了出口碳税对我国部门出口的短期影响，发现碳税（200 元/吨）在短期内对中国 GDP 的影响不大，并能降低能源密集型部门的出口。Wang、Li 和Zhang（2011）基于一个拓展的投入产出模型，考察了碳税对中国各部门国际和国内竞争力（增加值）的静态影响，发现较高的碳税（100 元/吨）会对一些能源密集型部门的竞争力产生显著影响，而较低的碳税（10 元/吨）对各部门的竞争力没什么影响。基于政策模型和计量方法的实证研究结果之所以不同，主要原因在于计量方法不易将环境规制的影响从其他因素的影响中分离出来，而系统性政策模型可以。不过，这样的研究不多且主要集中于讨论碳税的影响，其原因可能是随着气候变化问题的日益突出，碳税已成为标志性的环境规制手段。

① 不过，也有个别计量实证分析发现环境规制对竞争力有显著的负面影响。例如，赵玉焕和张继辉（2012）发现环境规制措施严格程度增长一倍，则我国相关的能源密集型产业出口将下降 42%。

总体来看，目前基于政策模型专门探讨环境规制特别是碳税对贸易模式影响的研究还很少。已有的几项研究也主要侧重于分析碳税对我国产业的国际竞争力和出口模式的影响，而未讨论碳税对我国进口模式的影响。从碳税的征收对象来看，财政部财政科学研究所课题组（2009）仅考虑对国产化石能源征税，而未考虑进口化石能源；Li 等（2012）仅考虑对出口品征税，而不考虑在其他环节征税。因而，对这一问题还有进一步深化研究的必要。

鉴于 CGE 模型是研究这一问题的有力工具，本章拟采用一个动态 CGE 模型来分析碳税对中国产业竞争力和贸易模式的影响，并试图对这一研究领域作出如下两点贡献：一是同时考察碳税对进口模式和出口模式的影响；二是考虑对所有（国产和进口）化石能源都征收碳税产生的贸易影响。

本章后续部分安排如下：第二部分介绍了用于政策分析的动态 CGE 模型，第三部分进行数据校准及模型方案，第四部分描述了模拟结果，第五部分为结论。

二、用于政策分析的动态 CGE 模型

我们建立了一个动态 CGE 模型来模拟碳税的贸易效应。该模型借鉴了 Dervis、De Melo 和 Robinson（1982），PRCGEM 模型（郑玉歆和樊明太等，1998）以及 Jung 和 Thorbecke（2003）的建模思路。以下是该模型的关键行为方程[①]。

（1）生产行为。本模型假定发电和发热用到的化石能源产品及作为终端能源使用的化石能源产品与生产要素以固定转换弹性（Constant Elasticity of Substitution，CES）函数形式相结合进入生产函数。我们可将生产过程表示为如下生产函数：

$$X_i = \min(A_{Zji}Z_{ji},\ A_{Qi}Q_i) \tag{4-1}$$

$$Q_i = \left[\alpha_{Li}(A_{Li}L_i)^{(\sigma Qi-1)/\sigma Qi} + (1-\alpha_{Li})(A_{Ni}N_i)^{(\sigma Qi-1)/\sigma Qi}\right]^{\sigma Qi/(\sigma Qi-1)} \tag{4-2}$$

① 有兴趣的读者可来信索取模型方程体系的详细描述。

$$N_i = [\alpha_{Ki}(A_{Ki}K_i)^{(\sigma Ni-1)/\sigma Ni} + (1-\alpha_{Ki})(A_{Fi}F_i)^{(\sigma Ni-1)/\sigma Ni}]^{\sigma Ni/(\sigma Ni-1)} \quad (4-3)$$

$$F_i = \{\sum_j [\alpha_{Zbki}(A_{Zbki}Z_{bki})^{(\sigma Fi-1)/\sigma Fi}]\}^{\sigma Fi/(\sigma Fi-1)} \quad (4-4)$$

其中，Z_{ji}是第j类中间合成投入（包括当作原材料使用的化石能源）；Q_i是劳动—资本—能源合成投入；Z_{bki}是发电、发热和各部门终端消耗的第k类化石能源；N_i是资本—能源合成投入；L_i、K_i和F_i分别表示劳动、资本和能源合成品；A表示各种投入的效率，其变化反映了技术进步；α 和 σ 分别表示份额系数和替代弹性。式（4-1）~式（4-4）意味着总产出既是劳动、资本和与它们相结合的化石能源合成商品的多层嵌套 CES 函数，又是中间投入（包括各种非化石能源商品和服务以及用于生产二次化石能源产品的化石能源）的列昂惕夫生产函数。

同时，我们假定每个部门提供一种产品或服务，并根据产品的国内销售价格和出口价格决定其产品或服务的国内供给量和出口量以实现收入最大化。这样可以用固定转换弹性函数来刻画上述产品或服务的总供给量与其国内供给量和出口量的关系。

（2）居民消费。假定居民在一定的支出预算约束下追求效用最大化，而其效用是各类合成商品或服务Z_{Hi}的克莱因—鲁宾（Klein-Rubin）函数。

$$\max \quad \prod_i (Z_{Hi} - z_{Hsubi}\Psi)\beta_{luxi} \quad (4-5)$$

$$\text{s.t.} \quad P_{ZHi}Z_{Hi} \leqslant (1-s)[(1-t_H)(wL^s + U_{HP}) + U_{HG} + U_{HF}] = W_H \quad (4-6)$$

其中，z_{Hsubi}为合成消费商品i的人均基本需求量，Ψ为人口总数，P_{ZHi}为居民消费的合成商品价格，β_{luxi}为各种商品的支出在总奢侈消费中的份额系数，L^s为劳动总供给，w为工资率，U_{HP}为居民从企业获得的财产收入，U_{HG}为政府转移支付，U_{HF}为净海外汇款，s为储蓄率，t_H为所得税税率，W_H为居民总支出。

（3）投资行为。我们假定各部门依据各自的资本存量K_i和静态预期相对收益率获得投资Z_{Vi}。参考 Jung 和 Thorbecke（2003）的方法，我们将部门投资需求方程设置如下：

$$Z_{Vi} = \alpha_{Vi}(R_i/\Omega)^{\delta_i}K_i \quad (4-7)$$

其中，R_i为部门 i 的资本净收益率，Ω 为利率，R_i/Ω 就是部门 i 的静态预期相对收益率。α_{Vi}为投资规模系数，δ_i为投资弹性系数。需要说明的是，对于那些公共投资部门，我们假定它们的投资弹性系数为 0，即它们的投资与其资本存量成比例（$Z_{Vi}=\alpha_{Vi}K_i$）。与绝大部分文献一样，我们进一步假定各部门对各类投资品 Z_{Vji}的需求在其总投资需求中的份额是固定的。同时，我们假定各部门存货与其总产出成比例变化。

政府行为。政府通过征收所得税、消费税、投资税、关税、环境税等方式获得收入，通过对企业和居民进行补贴以及购买各类产品产生支出。我们还假定政府对化石能源征收碳税以减缓碳排放。令 P_{F0i}为不含碳税的化石能源价格，ζ_i为各种化石能源的碳排放系数（单位化石能源消耗产生的碳排放），T_c为从量碳税，则含碳税的化石价格可表示为：

$$P_{Fi}=P_{F0i}+\zeta_i T_c \tag{4-8}$$

（4）国际贸易。现实世界中普遍存在着“双向贸易”的现象，即一个国家的同一部门既进口又出口同类产品。阿明顿（Armington，1969）假定对此进行了合理解释：由于各国生产的同类产品具有差异，同时消费者对这些具有差异性的同类产品的偏好不同，因此，对任何一个国家的消费者来说，同类型的国产品和进口品之间具有不完全替代的关系。我们也假定国产品和进口品之间具有阿明顿替代弹性关系，在确定了生产者、居民、投资者、政府等各类主体对各类合成品的需求后，本国对各类进口品的需求可简洁地表示为：

$$M_i = (1-\alpha_{Di})^{\sigma_i}(P_{Zi}/P_{Mi})^{\sigma_i}Z_i \tag{4-9}$$

其中，M_i为第 i 类进口品的数量，Z_i为本国对第 i 类合成产品的需求总量，α_{Di}为国产品份额系数，σ_i（$\sigma_i>0$）为国产品与进口品的替代弹性。令 P_{Zi}和 P_{Mi}分别为 Z_i和 M_i的价格。

我们部分放松小国开放假定，即本国出口产品的价格由本国对出口产品的供给和国际市场对本国出口产品的需求决定，即：

$$E_i=\beta_i P_{Ei}^{-\theta i} \tag{4-10}$$

其中，E_i为国际市场对本国产品的需求，P_{Ei}为出口价格，β_i为规模系数，θ_i（$0<\theta_i<\infty$）为出口价格弹性。

（5）均衡条件。我们假定市场处于均衡状态，这意味着各类经济主体都将在各自的约束条件（如居民的预算约束）下最优化其目标函数（如效用最大化）且市场出清。具体的均衡条件包括：生产者获得零纯利润；所有商品和要素的需求等于供给；居民和政府收支平衡，即两者的支出等于各自的可支配收入减去其相应的储蓄；国际收支平衡，即以世界价格计算的进口总值等于以边界价格计算的出口总值、国外净转移以及国外资本净流入的和；投资—储蓄平衡，即总投资等于国内储蓄与国外资本流入之和。

（6）宏观闭合。假定政府消费与居民消费同比例变化，政府转移支付（补贴）和各种税率外生，这意味着政府储蓄、赤字内生。我们假定居民储蓄率固定并选取汇率作为基准价格，而国外资本净流入内生，这样国外资本净流入的调节可以保证投资—储蓄平衡。同时，我们假定人口、劳动供给、技术进步的变化外生。

（7）模型动态化。模型通过生产要素积累和技术进步，并采用递归的形式实现动态化。我们假定期末的总资本供给等于期初的总资本供给折旧后加上本期新增的固定资本形成总额。

$$K_i^{*} = K_i(1 - d_i) + Z_{Vi} \tag{4-11}$$

其中，上标“*”表示期末，d 为资本折旧率。进一步地，我们假定折旧率外生，新增的固定资本形成总额由投资—储蓄平衡关系和投资在部门间的分配机制内生决定，这意味着各部门资本增长率和总资本增长率内生。

三、数据校准及模拟方案

本章拟进行研究的时期为 2007～2030 年，其中 2007 年为基期，2008～2012 年为历史模拟期，2013～2020 年为预测和政策模拟期[①]。我们以国家统计局发布的 2007 年 42 个部门投入产出表为基础建立了 SAM 表[②]。国内吸收

① CGE 模型具有历史模拟、分解模拟、预测模拟和政策模拟四种模拟（分析）功能。参见 Dixon 和 Rimmer（2002）。

② 2007 年投入产出表是国家统计局经过大量的基础调查而编制完成的。虽然国家统计局已经发布了 2010 年的投入产出表，但该表是在 2007 年投入产出表的基础上估计出来的延长表，其可靠程度要低于 2007 年的投入产出表。因此，我们仍然采用 2007 年投入产出表作为研究的数据基础。

和中间使用的国产品和进口品的数额及各种化石能源产品被不同部门使用时的碳排放系数是根据张友国（2010）的方法估计得到的。

根据替代弹性的定义，利用我们编制的2007年和2010年可比价（进口）非竞争型投入产出表、历年《中国统计年鉴》中各类产品的出厂价格指数以及中国海关总署编制的《中国对外贸易指数》公布的各类产品的进口价格指数，我们初步估计了国产品和进口品的阿明顿替代弹性，如表4-1所示。各种要素和能源之间的替代弹性及资本转换弹性来源于张友国（2013）的研究。

表4-1　阿明顿替代弹性取值

农产品	工业品	建筑	服务
16.12	3.63	0.25	2.27

注：要素—能源间替代弹性来源于张友国（2013）的研究。

通过历史模拟，我们将SAM矩阵更新至2012年，并估计各种不易观测的变量（如技术进步率、消费偏好）的历史变化。所用的外生变量主要是可观测的宏观和产业层面的变量（如人口、劳动总供给、GDP、消费、投资、部门总产出、增加值、进出口等）。这些变量在标准的CGE模型中是内生变量，但在历史模拟中却被当作可观测的外生变量。我们根据《中国统计年鉴》（2013）、《中国对外贸易指数》及2010年投入产出表中的相关数据确定了历史模拟期中各种外生变量的增长率。

我们通过预测模拟确定2013~2020年中国经济—能源—环境系统演化的基准情景。在预测模拟中，实际GDP仍被当作外生变量，其取值是根据专家调查方式设定的，同时劳动—资本—能源合成投入的平均效率被当作内生变量。碳税是外生变量且取值为零即不征收碳税。同时，我们假定政府对居民和企业的补贴随政府收入按比例变动，企业对居民的分红随企业收入按比例变动；而各种税率、居民储蓄率维持在基期水平。基准情景中关键外生变量的取值及来源如表4-2所示。在政策模拟中，假定我国从2015年开始征收碳税。参考以往研究（如财政部财政科学研究所课题组，2009）的税率设置，我们设置了10元/吨碳当量（tc）、40元/tc以及70元/tc三个等级的税率。

表 4-2　基准情景中主要外生变量取值

变量	年均变化（%）
实际 GDP	7.6（2013~2015 年），7.0（2016~2020 年），6.0（2021~2030 年）
人口[a]	0.5（2013~2015 年），0.3（2016~2030 年）
劳动总供给[b]	0.14（2013~2015 年），-0.53（2016~2020 年），-0.68（2021~2030 年）
世界石油价格[c]	1.1
世界煤炭价格[c]	3.7
世界天然气价格[c]	2.0

注：a. 根据《中国统计年鉴》及 *World Energy Outlook* 2007：*China and India Insights*（国际能源署）发布的数据推断。

b. 根据《中国统计年鉴》数据和齐明珠（2010）的结果估计。

c. 根据 Energy Information Administration（2013）发布的预测结果设定。

四、模拟结果

（一）碳税对部门贸易和贸易结构的影响

表 4-3 显示了 2015~2030 年基准情景和碳税情景下各部门在进出口贸易中的份额。我们首先分析碳税对出口的影响。一方面，受碳税的影响，碳密集型部门的出口有不同程度的下降。其中，金属冶炼及压延加工业，电气、机械及器材制造业以及通用、专用设备制造业的绝对份额下降幅度最大①；化学工业、金属制品业、非金属矿物制品业、交通运输及仓储业、交通运输设备制造业以及石油加工、炼焦及核燃料加工业的出口份额也显著下降。另一方面，碳税使农林牧渔业、轻工业以及服务业等非碳密集型部门的出口有所增加。其中，批发和零售贸易业，通信设备、计算机及其他电子设备制造业的出口份额增长幅度最大；纺织业、纺织服装鞋帽皮革羽绒及其制品业、租赁和商务服务业、仪器仪表及文化办公用机械制造业以及食品制造及烟草加工业的出口份额也有较大增幅。

很明显，随着碳税税率的提高，绝大多数部门的出口受到的影响也越

① 出口相对幅度下降最大的是煤炭开采和洗选业以及电力、热力的生产和供应业，但这两个部门的实际出口额非常小，几乎可以忽略。

来越显著，但碳税对各部门出口的影响也存在边际效应递减现象。例如，碳税从 10 元/万吨增加至 70 元/万吨，增加了 6 倍，金属冶炼及压延加工业的出口份额下降幅度也随之增加，但仅增加了约 1.8 倍。同样，由于累积效应，碳税对绝大多数部门出口的影响也随着时间的推移不断增大，如图 4-1 所示。不过，在碳税税率较低时，碳税将促进造纸印刷及文教体育用品制造业、木材加工及家具制造业、工艺品及其他制造业、邮政业的出口；当碳税税率较高时，这些部门的出口则会有所下降。换句话说，随着碳税税率的提高，碳税对这几个部门出口的影响会发生方向上的变化。而且，随着时间的推移，碳税对这几个部门出口的影响也会发生方向上的变化，如图 4-1 所示。此外，碳税并不一定导致总出口下降。例如，2015 年 40 元/万吨碳税最终使出口微弱增加，如表 4-3 所示。这一现象与直觉并不矛盾，因为非碳密集型部门的出口增长幅度可能超过碳密集型部门的出口下降幅度，因而总出口可能会有所增加。

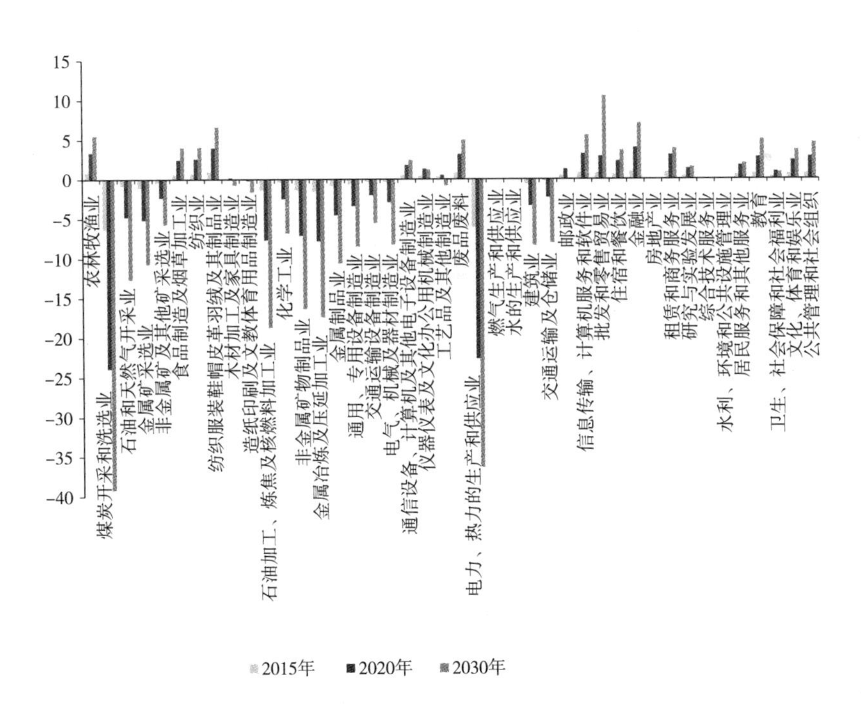

图 4-1　40 元/tc 碳税对各部门出口的影响（相对于基准情景的百分比变化）

表 4-3　2015~2030 年不同碳税情景下的贸易结构　　单位：%

部门	出口结构				进口结构			
	基准情景	碳税（元/吨）情境			基准情景	碳税（元/吨）情境		
		10	40	70		10	40	70
农林牧渔业	0.36	0.37	0.38	0.39	4.43	4.38	4.30	4.25
煤炭开采和洗选业	0.07	0.06	0.05	0.04	0.46	0.37	0.27	0.23
石油和天然气开采业	0.17	0.16	0.16	0.15	5.12	5.01	4.78	4.59
金属矿采选业	0.19	0.19	0.18	0.18	6.35	6.34	6.30	6.26
非金属矿及其他矿采选业	0.15	0.15	0.14	0.14	0.34	0.34	0.34	0.34
食品制造及烟草加工业	1.40	1.42	1.46	1.49	2.77	2.75	2.73	2.71
纺织业	5.44	5.53	5.68	5.78	0.96	0.97	0.99	0.99
纺织服装鞋帽皮革羽绒及其制品业	3.53	3.61	3.75	3.85	0.68	0.69	0.69	0.70
木材加工及家具制造业	2.21	2.22	2.24	2.26	0.64	0.64	0.63	0.62
造纸印刷及文教体育用品制造业	2.10	2.10	2.12	2.13	0.95	0.96	0.96	0.96
石油加工、炼焦及核燃料加工业	0.53	0.51	0.47	0.45	0.87	0.88	0.91	0.91
化学工业	10.20	10.10	9.91	9.77	8.94	9.01	9.19	9.33
非金属矿物制品业	1.97	1.90	1.78	1.70	0.63	0.64	0.68	0.70
金属冶炼及压延加工业	4.26	4.10	3.82	3.64	4.49	4.58	4.78	4.93
金属制品业	3.82	3.74	3.61	3.52	0.62	0.62	0.63	0.64
通用、专用设备制造业	7.97	7.85	7.65	7.51	10.95	10.90	10.86	10.86
交通运输设备制造业	5.18	5.14	5.07	5.03	6.56	6.52	6.48	6.47
电气、机械及器材制造业	9.78	9.68	9.43	9.25	4.01	4.03	4.07	4.10
通信设备、计算机及其他电子设备制造业	17.86	18.06	18.47	18.76	18.96	19.09	19.23	19.28
仪器仪表及文化办公用机械制造业	2.87	2.90	2.95	2.98	6.72	6.69	6.63	6.58
工艺品及其他制造业	1.41	1.42	1.44	1.44	0.40	0.40	0.40	0.40

续表

部门	出口结构				进口结构			
	基准情景	碳税（元/吨）情境			基准情景	碳税（元/吨）情境		
		10	40	70		10	40	70
废品废料	0.06	0.06	0.06	0.07	2.70	2.69	2.65	2.62
电力、热力的生产和供应业	0.08	0.07	0.06	0.06	0.02	0.02	0.02	0.03
燃气生产和供应业	0.00	0.00	0.00	0.00	0.00	0.00	0.00	0.00
水的生产和供应业	0.00	0.00	0.00	0.00	0.00	0.00	0.00	0.00
建筑业	0.72	0.71	0.69	0.68	0.42	0.42	0.42	0.41
交通运输及仓储业	4.18	4.15	4.04	3.94	2.14	2.13	2.12	2.10
邮政业	0.05	0.05	0.05	0.05	0.08	0.08	0.08	0.08
信息传输、计算机服务和软件业	0.99	1.00	1.04	1.07	0.95	0.95	0.96	0.96
批发和零售贸易业	7.28	7.49	7.89	8.16	0.00	0.00	0.00	0.00
住宿和餐饮业	0.48	0.49	0.50	0.51	0.95	0.96	0.97	0.97
金融业	0.14	0.14	0.15	0.15	0.25	0.25	0.25	0.25
房地产业	0.00	0.00	0.00	0.00	0.00	0.00	0.00	0.00
租赁和商务服务业	3.88	3.95	4.06	4.13	4.36	4.39	4.41	4.41
研究与实验发展业	0.04	0.04	0.04	0.04	1.14	1.14	1.14	1.14
综合技术服务业	0.00	0.00	0.00	0.00	0.00	0.00	0.00	0.00
水利、环境和公共设施管理业	0.00	0.00	0.00	0.00	0.00	0.00	0.00	0.00
居民服务和其他服务业	0.20	0.20	0.21	0.21	0.39	0.39	0.39	0.39
教育	0.02	0.02	0.02	0.02	0.09	0.09	0.09	0.09
卫生、社会保障和社会福利业	0.03	0.03	0.03	0.03	0.03	0.03	0.03	0.03
文化、体育和娱乐业	0.33	0.34	0.35	0.36	0.51	0.51	0.52	0.52
公共管理和社会组织	0.04	0.04	0.04	0.04	0.11	0.12	0.12	0.12

再来看碳税对进口的影响。从 2015～2030 年的累积效应来看，绝大多数部门的进口都有所下降。这表明，对大多数部门而言，碳税产生的收入效应（对国内需求抑制）超过了替代效应（进口品对国产品的替代）。其中，石油和天然气开采业以及煤炭开采和洗选业的进口品被直接征收碳税，因而这两个部门的进口受到的影响也相对较大。不过，金属冶炼及压延加工业、化学工业以及非金属矿物制品业等几个碳密集型部门的进口不降反升。这意味着对这几个部门而言，碳税产生的替代效应超过了收入效应。同时，石油加工、炼焦及核燃料加工业和纺织业的进口在碳税税率较低时也有所上升，但碳税税率较高时则下降。这是碳税在这两个部门上的收入效应和替代效应的消长变化引起的。当碳税税率较低时，碳税替代效应大于收入效应，国内对这两个部门国产品的需求下降，而对其进口品的需求增加；当碳税税率提高后，碳税的收入效应大于替代效应，导致国内对这两个部门国产品和进口品的需求都下降。

类似地，随着碳税税率的提高，碳税对绝大多数部门进口的影响也逐渐加大，且也存在边际效应递减现象。例如，当碳税税率从 10 元/万吨提高至 40 元/万吨时，煤炭开采和洗选业的进口下降幅度仅增加了约 1 倍；当碳税税率进一步从 40 元/万吨提高 0.75 倍至 70 元/万吨时，煤炭开采和洗选业的进口下降幅度仅增加了约 0.21 倍。同样，随着时间的推移，碳税对各部门进口的影响也逐渐增大。不过，如前面所提到的，随着碳税税率的提高，碳税对石油加工、炼焦及核燃料加工业和纺织业进口的影响还会出现方向上的变化。同样的原因，随着时间的推移，碳税对这两个部门进口的影响也会发生方向上的变化，如图 4-2 所示。

再从减缓碳排放的角度来看碳税对贸易模式的影响。一方面，碳税对出口模式具有一定的优化作用。在出口中，所有碳密集型部门，特别是其中一些出口份额较大的制造业部门（如金属冶炼及压延加工业，化学工业，非金属矿物制品业，石油加工、炼焦及核燃料加工业）的份额都有所下降；农业、轻工业等非碳密集型部门的份额则有所上升。碳税引起的上述出口结构变化显然有利于使单位出口的碳排放量也有所下降，如表 4-4 所示，这意味着碳税确实对出口模式起到了优化作用。而且随着碳税税率的提高和时间的推移，碳税对出口模式的优化作用也逐渐增强。

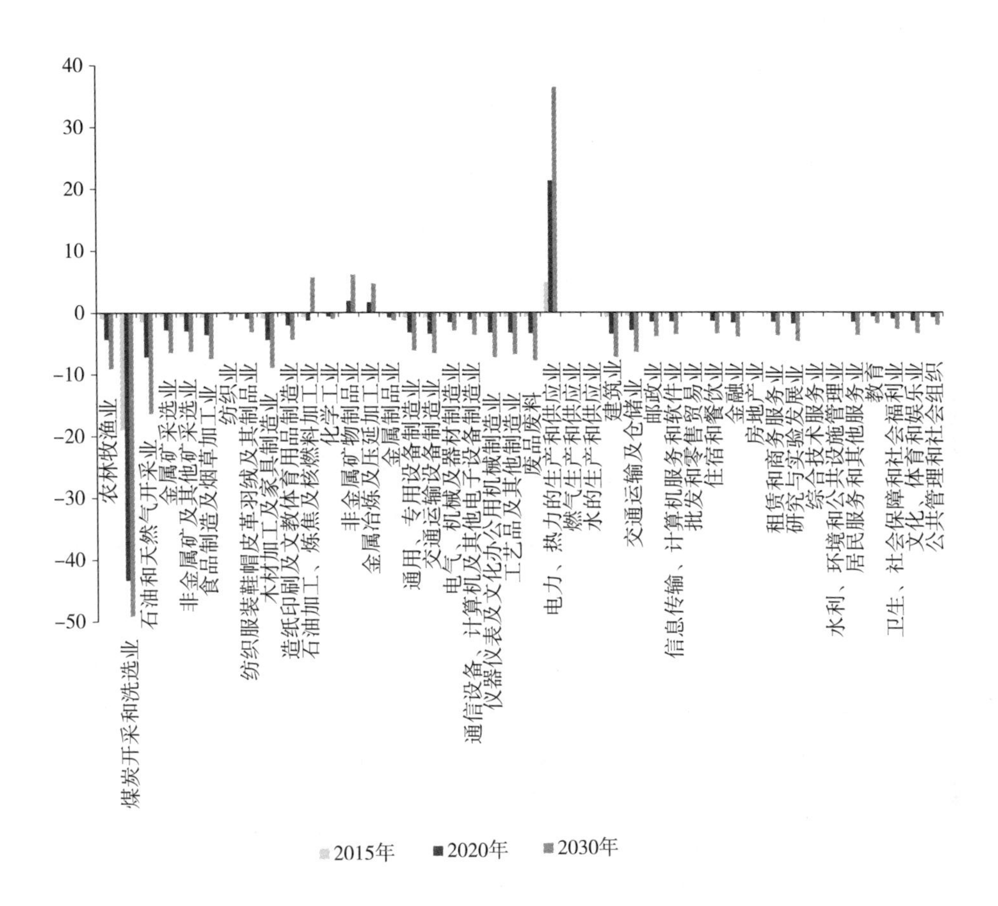

图 4-2　40 元/tc 碳税对各部门进口的影响（相对于基准情景的百分比变化）

另一方面，征收碳税后大部分碳密集型制造业部门（金属冶炼及压延加工业、化学工业、非金属矿物制品业、石油加工、炼焦及核燃料加工业、金属制品业）在进口中的份额都有所上升。不过，也有部分碳密集型部门（煤炭开采和洗选业、石油和天然气开采业、交通运输及仓储业）在进口中的份额有所下降。与此同时，农业、轻工业等绝大多数非碳密集型部门的进口份额有所下降。进一步地，碳税引起的进口结构变化在短期内可能导致单位进口碳排放量的下降，但在长期内将导致单位进口碳排放量的上升。而且，随着碳税税率的提高，碳税将导致单位进口碳排放量的上升会更快到来。在碳税税率较高时（如 40 元/万吨），碳税在 2015~2030 年总体上将导致单位进口碳排放量的上升。

表 4-4　碳税带来的单位贸易碳排放量结构效应（相对于基准情景的变化）

单位:%

	碳税	2015 年	2020 年	2025 年	2030 年	2015~2030 年
单位出口碳排放量变化	10 元/万吨	-0.22	-1.22	-2.17	-3.04	-1.93
	40 元/万吨	-0.81	-3.71	-5.97	-7.83	-5.32
	70 元/万吨	-1.33	-5.46	-8.45	-10.80	-7.54
单位进口碳排放量变化	10 元/万吨	-0.18	-0.34	-0.12	0.12	-0.15
	40 元/万吨	-0.52	-0.37	0.37	0.98	0.17
	70 元/万吨	-0.71	-0.15	0.90	1.70	0.56

（二）稳健性检验

为了评估数值模拟结果的稳健性，我们又做了两组模拟：一是将所有弹性（包括国内需求和出口的转换弹性、要素和能源投入替代弹性、出口价格弹性、阿明顿弹性以及消费者偏好）取值都减少 50%，然后模拟碳税的影响；二是将所有弹性取值都增加 50%再模拟碳税的影响。表 4-5 显示了两组模拟中碳税对我国宏观经济与碳排放的累积影响。总体来看，这两组模拟的结果与原弹性取值下的结果是一致的。在不同弹性取值下，碳税能显著减少能源消耗和碳排放，同时对 GDP、消费、投资和进口会产生相对较小的负面影响。弹性取值较低时，较低的碳税有可能对总出口产生正向影响，但这与本章前面报告的结果也不矛盾。前文已经表明，碳税对碳密集型产品的出口产生负向影响时，对劳动密集型和技术密集型产品的出口有可能产生正向影响。当碳税对出口的正向影响超过其负向影响时，就有可能促进出口增长。特别是当出口价格弹性值较低即出口对价格变化不太敏感时，碳税更有可能优化出口结构并对总出口产生正向影响。不过，随着碳税税率的升高，碳税最终会导致总出口下降。当出口价格弹性值较高时，碳税对总出口产生负面影响的可能性较大。因此，本章的结果是可靠的。

表 4-5　不同弹性取值下 2015~2030 年碳税的累积影响（相对于基准情景的变化）

单位:%

	所有弹性取值都减少 50%			本章采用的弹性取值			所有弹性取值都增加 50%		
	10 元/万吨	40 元/万吨	70 元/万吨	10 元/万吨	40 元/万吨	70 元/万吨	10 元/万吨	40 元/万吨	70 元/万吨
GDP	-0. 10	-1. 02	-1. 97	-0. 41	-1. 86	-3. 11	-0. 64	-2. 41	-3. 75
消费	-0. 53	-1. 71	-2. 67	-0. 34	-1. 24	-1. 95	-0. 36	-1. 36	-2. 10
投资	-2. 33	-6. 66	-9. 88	-1. 88	-5. 12	-7. 27	-1. 89	-4. 77	-6. 50
出口	0. 42	0. 21	-0. 27	-0. 08	-1. 42	-2. 76	-0. 22	-1. 88	-3. 36
进口	-1. 20	-3. 35	-4. 93	-1. 29	-3. 42	-4. 79	-1. 36	-3. 38	-4. 62
贸易条件	-0. 13	-0. 08	0. 07	0. 02	0. 24	0. 47	0. 06	0. 31	0. 52
能源消耗	-26. 11	-44. 66	-52. 41	-25. 61	-49. 46	-59. 08	-30. 41	-56. 79	-66. 31
碳排放	-26. 65	-45. 98	-53. 94	-26. 74	-51. 79	-61. 69	-32. 05	-59. 70	-69. 35
能源强度	-23. 08	-40. 64	-48. 13	-22. 75	-45. 16	-54. 56	-27. 08	-52. 30	-61. 90
碳排放强度	-23. 54	-41. 87	-49. 61	-23. 76	-47. 38	-57. 14	-28. 56	-55. 13	-64. 99

五、结论

本章在理论分析的基础上，采用动态 CGE 模型模拟了碳税对中国贸易模式的影响。与以往相关研究不同的是，本章既考虑了碳税对我国产业在国际和国内市场上竞争力的影响，又考虑了碳税对出口和进口模式的影响，且同时考虑了对国产和进口化石能源征收碳税。

在碳税的影响下，化石能源部门和一些碳密集型制造业部门的出口下降明显，而一些劳动密集型和技术密集型部门的出口则有所上升。在碳税的影响下，绝大部分产品或服务的进口量也会有所下降，不过，一些碳密集型产品的进口量却有所上升。随之而来的是单位出口的碳排放量有所下降，而单位进口的碳排放量在长期内会有所上升，且碳税税率越高，这一变化到来得越早。这意味着从减缓碳排放的角度来看，碳税能够优化我国的贸易模式。碳税的各种影响会随着碳税税率的上升而不断增强。同时，碳税的影响会随着时间不断累积。

通过本章的分析，我们认为我国应该在近几年适时开征碳税，这不仅有利于改善当前大气污染严重的状况，也有利于我国经济发展方式的转变。为此，我们提出以下实施碳税的政策建议，以作为相关部门的决策参考：首先，采取较低的碳税和相关配套措施。为了提高碳税的可接受性，可以考虑从较低的碳税税率开始征收碳税，并采取相关配套措施，如对设备更新、技术改造、居民消费的补贴以及其他税收（如收入税）进行适当减免。其次，参照消费税征收方式开征碳税。为了提高可操作性，在实际政策设计中可以参照消费税的征收方式来开征碳税，即只要购买化石能源就需支付相应的碳税。当然，对于石油加工、炼焦以及煤气生产等能源转换类企业，可以考虑根据其终端能源消费征收碳税。最后，先试点后铺开。我们认为碳税政策可以先在一些污染严重的地区进行试点，并观察试点地区碳税对环境污染的改善情况，以及对产业经济和贸易模式的影响，再决定是否进一步在我国其他地区铺开，从而全面实施碳税。

当然，本章还存在一些不足之处。一是本章将各部门的技术进步视为外生变量，这意味着本章没有考虑碳税对各部门的技术水平可能产生的积极影响，即没有考虑“波特假说”。二是受数据限制，本章未区分一般贸易品和加工贸易品生产结构的差异。三是本章未考虑随着时间的推移对碳税税率进行调整，而碳税的影响会随时间的推移而不断增强。这些问题都值得在未来的研究中加以考虑和深入分析。

参考文献

财政部财政科学研究所课题组：《中国开征碳税问题研究》，研究报告，2009 年。

陆旸：《环境规制影响了污染密集型商品的贸易比较优势吗?》，《经济研究》，2009 年第 4 期。

齐明珠：《我国 2010~2050 年劳动力供给与需求预测》，《人口研究》，2010 年第 9 期。

张友国：《经济发展方式变化对中国碳排放强度的影响》，《经济研究》，2010 年第 4 期。

张友国：《碳强度与总量约束的绩效比较：基于 CGE 模型的分析》，《世界经济》，2013 年第 7 期。

赵玉焕、张继辉：《碳税对我国能源密集型产业国际竞争力影响研究》，

《国际贸易问题》，2012 年第 12 期。

郑玉歆、樊明太等：《中国 CGE 模型及政策分析》，社会科学文献出版社 1998 年版。

Armington P.，"A Theory of Demand for Products Distinguished by Place of Production"，*IMF Staff Papers*，Vol. 16，1969.

Copeland B. R.，Taylor M. S.，"Trade，Growth，and the Environment"，*Journal of Economic Literature*，Vol. 42，2004.

Dervis K.，De Melo J.，Robinson S. *General Equilibrium Models for Development Policy*，Cambridge：Cambridge University Press，1982.

Dissou Y.，Eyland T.，"Carbon Control Policies，Competitiveness，and Border Tax Adjustments"，*Energy Economics*，Vol. 33，2011.

Dixon P. B.，Rimmer M. T. *Dynamic General Equilibrium Modelling for Forecasting and Policy：A Practical Guide and Documentation of MONASH*，Amsterdam：North -Holland Publishing Company，2002.

Energy Information Administration，*Annual Energy Outlook* 2013. http：//www. eia. gov/forecasts/aeo/，2013.

Jaffe A. B.，Peterson S. R.，Portney P. R.，Stavins R. N.，"Environmental Regulation and the Competitiveness of US Manufacturing：What Does the Evidence Tell US?"，*Journal of Economic Literature*，Vol. 33，1995.

Jung H. S.，Thorbecke E.，"The Impact of Public Education Expenditure on Human Capital，Growth and Poverty in Tanzania and Zambia：A General Equilibrium Approach"，*Journal of Policy Modeling*，Vol. 25，2003.

Li J. F.，Wang X.，Zhang Y. X.，"Is it in China' s Interest to Implement an Export Carbon Tax?"，*Energy Economics*，Vol. 34，2012.

Porter M. E.，VanderLinde C.，"Towards a New Conception of the Environment Competitiveness Relationship"，*Journal of Economic Perspectives*，Vol. 9，1995.

Tobey J. A.，"The Effects of Domestic Environment al Policies and Patterns of World Trade：An Empirical Test"，*Kyklos*，Vol. 43，1990.

Wang X.，Li J. F.，Zhang Y. X.，"An Analysis on the Short-term Sectoral Competitiveness Impact of Carbon Tax in China"，*Energy Policy*，Vol. 39，2011.

下篇　提升绿色发展政策的公平性与有效性

第五章

中国雾霾污染的空间效应及其治理模式研究：基于公平与效率视角

一、引言及文献综述

2013年至今，以PM10（可吸入颗粒物）和PM2.5（可入肺颗粒物）为主要构成的雾霾污染在我国越发严峻，严重威胁到居民的日常生活与健康。由中华医学会会长陈竺（2013）等相关专家发表在国际医学界最权威杂志《柳叶刀》的研究指出，在中国，PM10每年导致30万~50万人过早死亡；另由50个国家、303个机构、488名研究人员历时五年共同完成的《全球疾病负担2010报告》提出，2010年PM2.5导致中国120万人过早死亡及2500万健康生命年的损失，PM2.5能够大大提升心血管疾病、呼吸道疾病以及肺癌的发病概率，已经成为影响中国公众健康的第四大危险因素（Rafael L. 等，2013）；更令人堪忧的是，诸多研究显示PM2.5能够影响到人的生育，对于婴儿及儿童的危害更是远远高于成人（Hyder，2014），因此，关注雾霾，实际上是关注我们的健康、我们的下一代、我们的未来。此外，雾霾已经成为中国吸引外商投资、国外人才以及游客的重要障碍，尤其是对北京国际大都市形象的打击更大，将远远超过经济利益的损失。近期欧美媒体频频抛出外国人因雾霾逃离北京的论调，北京的国际吸引力存在着下降的可能。据在日本有较大影响力的媒体《产经新闻》报道，空气污染可能导致日本对华投资成本增加，为避免风险，日企会加快向东南亚国家迁移的速度；另据北京市旅游发展委员会的统计，2013 年 2 月，北京接待入境过夜外国游客 16.5 万人次，同比减少 37%。本章试图运用空间面板计量方法，以环境库兹涅茨曲线①为框架，从能源结构、空间效应角度对雾霾污染进行讨论分析。国际公认的空间计量专家 Anselin（2001）专门对空间因素之于环境经济问题研究的重要意义进行了探讨。Rupasingha 等（2004）最早运用该方法，对美国 3029 个县的人均收入与大气污染之间的联系进行讨论，该文显示空间变量的引入大大提升了计量模型的准确度。Maddison（2007）对欧洲国家进行了分析，以 SO_2、NO_x 等污染物作为环境质量衡量指标，发现国与国之间的污染以及治理都存在显著的溢出效应。Poon 等（2006）运用空间计量研究能源、交通以及对外贸易对中国大气环境的影响，主要针对 SO_2 和烟尘进行研究，证实溢出效应在中国省域之间确实存在。Hossein 等（2011）运用该方法分析 1990~2007 年亚洲各国的两大空气主要污染物：CO_2 和 PM10，研究表明两大污染物在亚洲国家之间存在着明显的溢出效应，空间因素不容忽视。Hossein 和 Kaneko（2013）运用六类权重矩阵建立六个空间模型，证实国家之间确实存在着污染及环境政策上的空间溢出效应。基于空间计量的环境经济问题实证研究，主要是借助于 EKC 曲线的分析框架，因此，该方法被简称为 SEKC（Spatial Environmental Kuznets Curve）。中国学者运用空间计量方法对此类问题的研究起步较晚，也相对较少，且针对的污染物主要集中于碳排放以及 SO_2（许和连等，2012；郑长德和刘帅，2011；王火根和滕玉华，2013），几乎没有针对 PM10 和 PM2.5 进行讨论的文献。本章以 PM2.5 作为衡量雾霾污染的指标对问题展开讨论，在空间分析的基础上，探讨雾霾治理的公平与效率问题。

二、中国雾霾污染现状及地区空间相关性分析

（一）雾霾污染现状分析

首先，全国 31 个省市区中多达 20 个省份雾霾污染较为严重，中部以及偏北的东部地区尤为突出。污染较为严重的四个省份由高到低依次为：山东、

① 环境库兹涅茨曲线（Environmental Kuznets Curve），以下简称 EKC 曲线。

河南、江苏、河北，此外包括北京、天津、湖北、安徽等在内的八个省份均属于重度污染区，主要集中于中部地区以及偏北的东部地区，PM2.5 浓度均在 30μg/m³以上，远远超出了世界卫生组织关于 PM2.5 人口加权浓度值的建议水平（10μg/m³）。最为严重的是山东，在 2007 年该浓度达到 52μg/m³，为健康水平的 5 倍之多。北京、广东、上海等地的污染虽在 2008 年以后开始有所下降，但在 2001～2007 年这七年中持续维持在较高的稳定水平。京津冀、长三角、珠三角三大经济区颗粒物污染维持在较高的稳定水平。三大经济增长极①中，长三角地区细颗粒物污染最为严重，自 2001 年起，浓度就已达到了 30μg/m³以上，2007 年最高，接近 37μg/m³，远远超出中国年均水平；京津冀及珠三角地区颗粒污染虽不及长三角，但 2001～2010 年浓度几乎均在 25μg/m³以上，属于中度或重度污染地区（见图 5-1）。

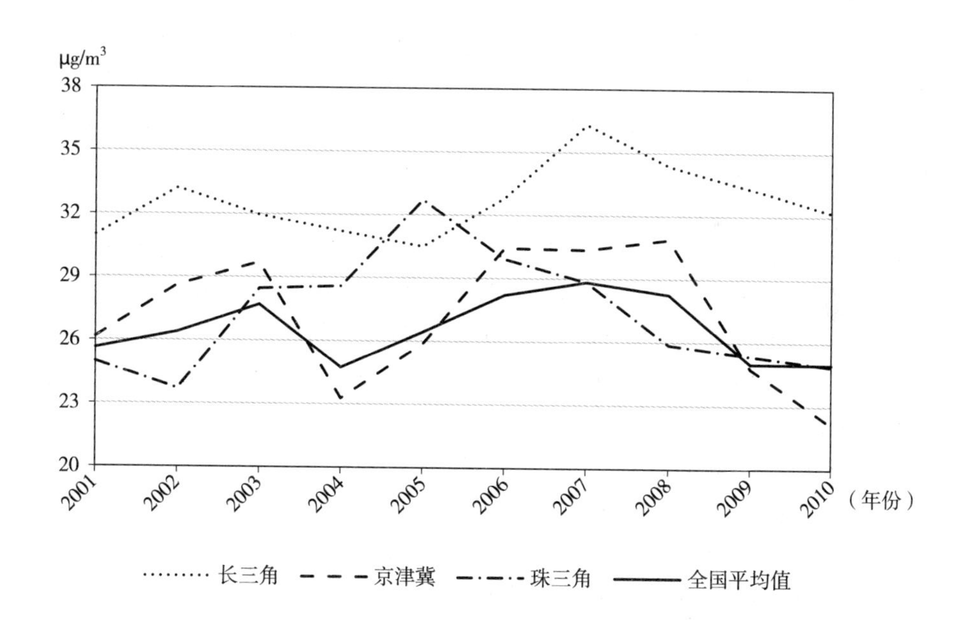

图 5-1　2001～2010 年长三角、京津冀及珠三角地区 PM2.5 变化趋势

---

① 三大经济增长极是指京津冀、长三角、珠三角三大经济区。本章的长三角地区以上海、安徽、江苏、浙江四省市为代表；京津冀地区指北京、天津以及河北；珠三角地区以广东的数据替代。三大经济区的 PM2.5 取各代表省市的平均值。

由图 5-1 可以看到，三大经济增长极的颗粒物污染几乎均在全国平均水平以上，长三角地区最为明显，均超出了全国平均水平。2001~2007 年，三大经济区及全国的污染水平整体呈上升趋势，2007 年成为转折点，自 2007 年开始，污染有所下降，但仍维持在较高水平。

（二）雾霾污染的空间相关性分析[①]

1. 全局空间相关性分析

由全局空间相关性分析可知，全局 Moran's I 均为正值且通过了显著性水平为 1%的检验，这说明我国的 PM2.5 存在着较为明显的正向空间相关性，即对于 PM2.5 较高的地区，往往存在着一个或多个 PM2.5 较高的地区与其相邻（高—高的正相关），同理，对于 PM2.5 较低的地区，至少存在着一个 PM2.5 较低的地区与其相邻（低—低的正相关）。更值得注意的是，这种正向相关性在 2001~2010 年均在 0.5 左右波动，2007 年达到最高，为 0.549，说明这种空间相关性持续稳定且处在较高水平。图 5-2 为 2001 年、2007 年、2010 年中国各地区 PM2.5 的 Moran 散点图。散点图的横轴代表标准化的 PM2.5 浓度值，纵轴代表标准化的 PM2.5 浓度值的空间滞后值，散点图以平均值为轴的中心，将图分为四个象限，第一象限表示高—高的正相关，第三象限表示低—低的正相关，由于全局 Moran's I 指数值表现出正相关，则表示负相关的第二、第四象限为非典型观测区域。2001~2010 年绝大多数省份均位于典型观测区内，位于非典型区域的省份只有 3~5 个，散点图从内部结构上更进一步说明了 PM2.5 的这种空间正相关的稳定性（潘文卿，2012）。

2. 局域空间相关性

图 5-3 为 2006 年和 2010 年中国各地区 PM2.5 局域聚集地图[②]，地图显示：低—低类型的集聚主要分布在新疆、吉林、黑龙江以及内蒙古地区；高—高类型的集聚主要分布在八个省份，分别为山东、河南、安徽、湖北、江苏、北京、河北、天津。其中，山东、河南、安徽、湖北在 2001~2010 年的聚集地图中均有出现，北京、河北、天津出现的频率均达到 6 以上，江苏出现的频率为 3；此外，中部地区的山西、湖南也在某些年份出现在高聚

---

① 结论的分析过程可参见马丽梅和张晓（2014），这里仅阐述主要结论。

② 局域聚集地图运用 GeoDA9.5 软件计算并绘制，本章作者已绘制了 2001~2010 年的局域聚集地图，因篇幅有限，列出其中具有代表性的两张。

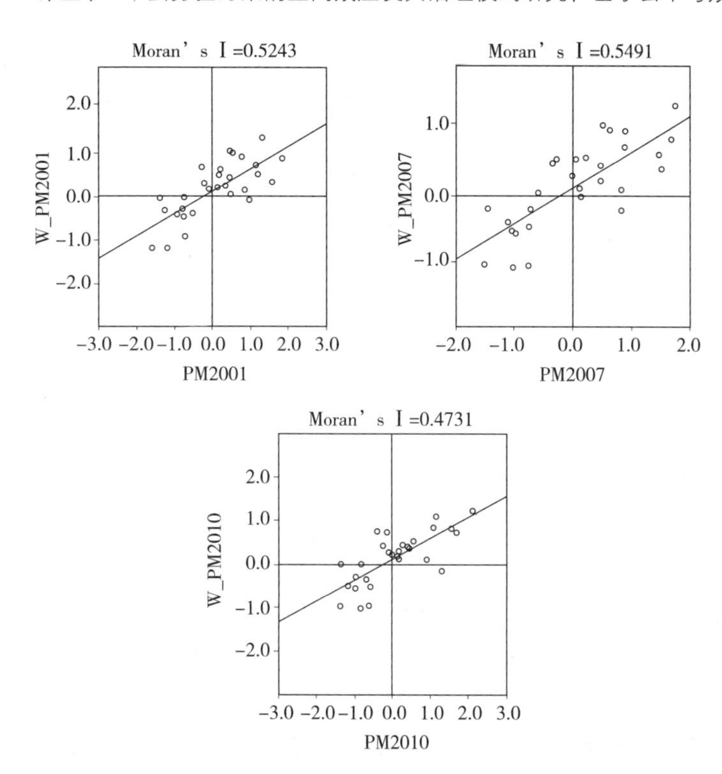

图 5-2　2001 年、2007 年、2010 年中国各地区 PM2.5 的 Moran 散点图

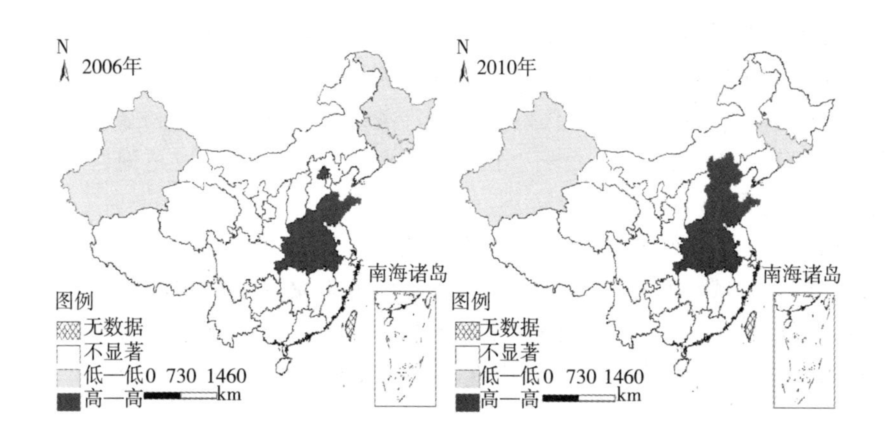

图 5-3　2006 年、2010 年中国各地区 PM2.5 局域集聚地图

注：白色：不显著；黑色：高—高类型集聚；灰色：低—低类型集聚。

集区内。据此我们可以得到中国颗粒物高污染集聚区主要发生在京津冀、长三角以及与这两大经济区相连接的中部地区，空间聚集效应明显，处于长期较稳定状态。

为什么这种高污染集聚呈现出如图 5-3 的分布态势，笔者认为区域间的产业结构调整是其背后的重要动因。在地方分权以及 GDP 绩效激励体制下，我国区域间的产业结构调整呈现出两方面的重要特征：一方面是产业转移。与京津冀、长三角相连的中部地区由于地理位置等因素的优越性承接了两大经济增长极的产业转移。2006 年，《中共中央国务院关于促进中部地区崛起的若干意见》的颁布进一步加大了国家促进中部地区发展的力度，这一时期内中部地区开始如火如荼地承接来自东部发达地区的产业转移，且以污染型、高耗能的产业为主（朱允未，2013；陈耀和陈钰，2011），而目前东部地区产业逐渐向中西部地区转移已经成为我国协调区域均衡发展的重要战略部署，同时也符合产业发展的自身规律，产业转移方向在短期内很难改变。加之与本身污染较为严重的发达地区相邻，中部地区很容易成为高雾霾污染的集聚区域。另一方面是在以 GDP 作为主要政绩考核标准的激励机制下，地方政府竞争十分激烈。清洁且短期内显著提升 GDP 的产业成为各省区争相抢占的资源，不具竞争优势的欠发达地区只能发展以制造业为主的高污染产业来快速推进自身 GDP 的增长。与此同时，为在竞争中取胜，放松的环境政策常常成为地方政府博弈的重要工具，这一点经济欠发达的中西部地区表现得尤为突出；然而，全局相关性分析显示，雾霾污染存在着正向相关性，且存在显著的外溢，获得优质资源的发达地区，由于与中部地区相邻，不能获得其自身产业结构优化的全部利益，特别是当这种“污染外溢效应”大于“自身优化效应”时，经济发达地区难以实现自身环境质量的改善。

综上所述，中国各地区 PM2.5 存在着明显的正向全局空间相关性，且长期稳定；局域空间相关性显示高—高类型的集聚更是稳定地集中于局部经济发展较快的地区。要达到对雾霾污染的根治，就必须充分考虑到污染的地理空间效应及其与经济发展存在的必然联系。

三、雾霾污染的区域协调治理探索：基于公平与效率视角

空间因素对于环境经济问题的研究具有不可忽视的重要作用（Anselin,

2001），大气污染及其治理的空间溢出效应被证实确实存在。由于水流、风向等自然地理因素的存在，某一地区的环境问题必然会受到邻近地区的影响，此外，产业转移、贸易等人为因素进一步加深了地区间环境质量与经济发展的空间联动性，空间因素不容忽视。因此，中国的环境污染，特别是大气污染问题，亟须探索区域协调治理模式。

（一）区域协调治理的原因：公平与效率的损失

区域协调治理的主要目的在于除了促进大都市区域经济的协调发展，更在于效率与公平问题：效率主要表现为促进区域公共服务生产的高效化，公平主要表现为分配消费的均等合理化。在跨界治理的基础上，实现整个城市区域社会经济的均衡发展、和谐发展和可持续发展。当前，中国的环境治理需要跨界模式，主要原因在于：

（1）经济效率损失：恶性竞争、内耗式发展。中国的三大经济区域——京津冀、长三角以及珠三角地区面临的主要问题为传统产业同构、重复建设以及同质化竞争。政府在区域发展经济中的主体地位依然存在，多个城市或区域规划各自为政，在谋划各自经济发展的过程中，都是基于各自行政区划和地方利益驱使，无法实现科学决策、科学布局、功能优化组合，存在一定的恶性竞争（拼土地、拼税收优惠），一个项目的引进或去留，不是出于整体区域经济利益的最大化，而是谋求自身行政辖区利益或地方利益的最大化。此外，在基础设施建设上，基础设施特别是机场、公路、铁路、桥梁、港口等大型基础设施的科学规划、连通对接、高效运转，是促进城市区域经济协调发展的根本所在。实际上，一些大型基础设施的运转是具有经济规模效应的，一定的市场容量是其实现盈利的前提，但在中国区域发展中，对机场、港口等大型基础设施的规划建设，依然囿于“行政区经济”的怪圈，各地方政府以带动本地经济增长为目的，按照地方化的设想和意愿，在有限的空间范围内，上演着重复建设和恶性竞争的一幕。

（2）社会服务视角的公平：区域公共产品供给缺乏。在经济发展呈现不断融合的情况下，经济与社会并重，转而重视以人为对象的社会服务项目或公共服务，为当地民众提供均等化、高效化的公共产品或服务，培育区域利益共同体。自然成为城市跨界治理关注的核心议题之一。当前，我国的城市区域中城市内部各城市之间不仅存在着巨大的差距，主要表现在科技、教育、文化、社会保障、就业、养老、环境保护、住房等方面，而且在利益共享和均等化方面存在显著的跨界冲突和矛盾。近年来，环境污染的跨界影响变得越发突出。在各自为政的“行政区经济”运行环境下，环境保护这一公共产品的严重缺失，使大多数城市愿意主动采取措施来保护公共领域，环境跨界污染成为区域污染的常态。正如上文提及的，雾霾污染的空间效应确实存在，且经济集聚区的污染极为严重。

（二）区域协调治理的特征：兼顾效率与公平

区域协调治理是金融危机以后现代社会治理的新选择。从社会经济学和社会治理的角度看，2008 年全球金融危机及其引发的诸多社会危机带给人们最大的启示就是新自由主义的终结，抑或完全市场化或企业化的社会治理思路是行不通的，一个既高效又公平公正的社会，一定要兼顾公共性和私有性的平衡，一定需要政府和市场、社会的互动与协作，在公私合作伙伴的氛围和制度体系内谋求利益均衡和社会公平。

区域协调治理的价值理念在于互动协作、资源共享、利益共赢。极端复杂与多样性是当今世界的特点，其中权力分散而不是集中，任务趋同而不是细分或者分化，社会普遍要求更多的自由和个性化而不是一体化。而面对这种复杂化的后工业化信息时代，信息海量化、社会公共需求多元化、资源要素流动化已经成为每个组织和个人面对的常态。在此过程中，要想做出科学决策，制定合理的政策，满足多元化的社会需求，并非是一件容易的事情。不管是强大宏观的政府部门、企业组织、社会组织，还是微观的个人，都不具备完备的信息和资源，更无法解决日趋复杂的社会经济问题，只有通过政府、社会、企业、个人等利益多元主体之间的共同行动、参与、互动、协商，才能产出有效的政策及其预期结果。从这个意义上来讲，不同利益主体和资源拥有者从各自的优势出发，崇尚互动协作、资源共享、利益共赢的价值理念，是跨界治理发育、生存、发展的核心价值精神。

（三）空间视角下中国雾霾污染区域协调治理的途径：以京津冀为例

区域治理协调机制必须平衡效率与公平的关系。区域协调发展的根本目的是为了实现区域的发展，区域发展客观上尤其要求效率，市场机制在区域资源配置中的决定性作用不可动摇。治理协调机制的设计必须发挥市场机制的决定性作用，实现资源的高效率配置。但是市场机制自身的发展必然导致区域差距的扩大，仅仅依靠市场机制无法自动消除差距，因此需要创新机制，实现各地区的共同发展。协调是区域协调发展的重要手段，为此需要各利益群体的广泛参与。各地区都享有发展的权利，其发展权利应该得到尊重。合理的协调机制应该确保各地区都能平等地参与到区域公共事务的治理中，各地区都有平等的参与权与决策权。区域发展要使各利益群体都能得到相应的补偿。效率原则主要体现在发挥市场机制的决定性作用上，公平原则主要体现在平等协商和利益共享。中国的重点经济区域在雾霾治理的问题上，应从空间视角入手，坚持平衡效率与公平原则。以京津冀为例，根据以往的研究（史丹和马丽梅，2017），我们提出：

（1）京津冀的空间关联度不高，尚未完全摆脱旧有的发展模式，应进一步深化一体化发展。根据空间相关性分析，从 2010 年起，京津冀地区的空间关联才得到显著提高：京津冀区域内的经济发展落差大、不平衡，城市间的产业关联度不强，功能分工和经济协作不紧密，这些都与现行的行政区划及地方利益、各自规划、自成体系等体制政策有关。这使得京津冀地区至今尚未完全摆脱单体城市或行政区经济各求发展的旧有模式，尚未真正形成区域经济一体化、合理分工、共赢发展的局面。从更深层次说，这与京津冀地区市场化程度低、行政干预力量过强密切相关，进一步深化一体化发展，推进产业的融合、连接成为一体化的关键，也是促进区域环境规制整体提升的重要环节。

（2）对于环境规制呈现“逐底竞争”趋势的城市，政府应划定“规制红线”并建立相应的补偿机制。由于大气污染溢出效应的存在，只有城市整体的环境规制提升才能使区域环境质量出现明显的改善，那么对于呈“逐底竞争”趋势的城市制定规制约束机制至关重要。由于这些地区的“规制利益”可以实现整个区域环境质量的提升，而在增强规制的同时，经济利益会受到一定的影响，因此，可尝试探索建立区域补偿机制，要求生态受益城市通过财政横向支付补偿受损城市。这也是兼顾效率与公平的体现。

（3）加强基础设施建设，特别是交通的空间关联度，能够在推进经济均衡发展的同时兼顾环境质量的提升。当前，京津冀区域内为城市间服务的城际铁路规模小、覆盖面不足；普通干线公路总量不足、等级低、通行能力不足，急需升级改造。区域内各城市交通联系通道与城市之间经济联系强度基本吻合，但这些交通设施叠加了过境交通、城市群对外交通和城市内部交通，造成局部地区（如京津、京石通道）交通压力过大。交通因素在未来将成为影响京津冀地区雾霾污染的重要因素，增强城市间的交通关联，进一步打破行政区划分割，对未来的环境治理而言十分关键（马丽梅等，2016）。

四、发现与讨论

（一）雾霾污染的空间效应及其治理要求

传统的研究假定地区间的环境相互独立明显与现实不符。本章将区域间的空间效应引入问题分析中，运用空间计量方法对雾霾污染及其影响因素进行研究得到结论：第一，中国各地区的雾霾污染存在着正的空间自相关且相关性长期处于稳定状态。第二，中国局部地区出现了雾霾高—高类型的集聚区，主要集中于京津冀、长三角以及与两大经济体相连接的中部地区，空间聚集效应明显，处于长期较稳定的状态。第三，通过空间面板回归模型得到雾霾污染存在着显著的溢出效应。邻近地区的 PM2.5 浓度每升高 1%，就会使本地区的 PM2.5 浓度升高 0.739%（马丽梅和张晓，2014）。这些研究分析都体现了单地区治理思维的不可行性，区域协调治理模式不仅能够满足雾霾污染治理的空间特性，而且能够充分体现效率与公平的关系。

公平与效率是辩证统一的关系，既有相互矛盾的一面，也有相互统一的一面。一方面，公平是保证效率的前提，没有公平的社会就不可能实现效率目标；另一方面，效率是实现公平和推动公平发展的基本条件。效率与公平之间既存在着对立又统一的关系，又表现为一种相互作用、相互制约的矛盾运动和辩证关系。公平与效率具有正相关关系，二者呈此长彼长、此消彼消的正反同向的交促关系和互补关系。越公平就越有效率，越不公平越没有效率。经济公平与经济效率具有正反同向变动的交促互补关系，即经济活动的制度、权利、机会和结果等方面越是公平，效率就越高；相反，越不公平，效率就越低。当代公平与效率最优结合的载体之一是市场型按劳分配。按劳分配显示的经济公平，具体表现为含有差别性的劳动的平等和产品分配的平等。这种在起点、机会、过程和结果方面既有差别又互为平等的分配制度，相对于按资分配，客观上是最公平的，也不存在公平与效率哪个优先的问题。公平与效率的辩证关系表现为，公平是效率的前提，效率是公平的结果。公平产生效率，效率反映公平，公平与效率是一个硬币的两面。所以，我们必须从现在起进一步重视社会公平问题，调整效率与公平的关系，加大社会公平的分量。“效率优先，兼顾公平”的政策取向应当逐渐向“公平与效率并重”或“公平与效率优化结合”过渡。

（二）考虑污染溢出后的产业结构调整与雾霾治理：兼顾效率与公平

实证分析中可以看到，雾霾污染的溢出效应确实存在，产业转移进一步加深了地区间经济与污染的空间联动性，污染的空间溢出效应进一步显现。诸多环境经济学家指出，高耗能产业向发展中国家的转移是发达国家环境质量改善的重要原因之一，也很可能是 EKC 假说背后的真正动因（Stern，2004）。但是，考虑空间因素后的短距离的产业转移，对于雾霾污染的治理也仅仅是短期的。图 5-3 中，有明显产业转出的东部发达地区（北京、天津以及江苏）在高集聚区短暂的波动进一步印证了这一点。虽然这些省份在个别年份脱离出高聚集区，但长期看，均稳定地居于高集聚区内。此外，环境规制研究学者也强调由于污染溢出效应的存在，使得实行严格环境规制的地区不能获得其规制的全部利益（Fredriksson 和 Milimet，2002），那么，部分发达地区通过产业转移的方式所换取的高环境规制作用有限，地区环境质量的改善也仅仅是短期的缓解，从长期看，邻近地区的产业转移对于污染的根治作用甚微。

然而，产业转移已经成为当前我国产业结构调整的内在需求，已是必然趋势。那么，考虑污染溢出后，产业结构调整就需要完善区域合作机制，更需要合理的全局规划。在我国经济分权体制下，加之环境要素的公共品特质，要实现产业的“绿色”调整，中央政府必须扮演重要的角色，特别是对外溢效应大的污染（如雾霾污染）的治理上，需要一定程度的集权，从而实现区域间的联合防控。首先，制定产业结构调整的全局规划，形成全国产业布局的合理梯度。特别要在制度安排层面上规划好污染型产业的区位转移方向。中央政府应充分考虑到污染的外溢效应，避免污染行业的过分集中，通过对这些产业的区位调度及合理配置，减少经济增长带来的负外部效应，进而提高要素配置的整体效率，实现增长方式的平稳过渡。其次，中央政府必须进行机制设计，制定有针对性的区域减排政策。对于欠发达地区的 GDP 冲动提供有效的物质激励，如完善中央与地方、各省份之间的转移支付，在减排政策实施上实现真正的激励相容。最后，在基础设施建设以及具有公共产品属性的产业上逐渐打破地方分割，完善区域合作机制，积极引导跨行政区的环境合作是协调经济增长与环境污染矛盾的必然选择。此外，中央政府更应鼓励中西部地区借助产业转移这一契机，重视在承接基础上的升级改造，通过技术进步与科技创新，努力将自身打造成为传统第二产业升级换代的区域平台，实现经济增长方式的转变，缓解日益加重的环境压力。

目前，我国政府部门已意识到区域联合机制的重要作用。电力行业对雾霾的贡献尤为突出，值得关注的是，国家“十二五”规划中，明确提出加强“特高压跨区电网”建设，新兴的特高压电网，被业内誉为“最大的环保工程”，将进一步改善电力行业在区域与省内就地平衡的格局，优化能源时空布局的作用明显，体现了联防联控的思路；2014 年 1 月，环保部与中国 31 个省市区签署了《大气污染防治目标责任书》，将京津冀及周边地区（北京、天津、河北、山西、内蒙古、山东）、长三角、珠三角区域内的 10 个省份及重庆市作为重点，考核 PM2.5 年均浓度下降情况，注重了环境规制整体水平的提高及污染空间效应的存在，同时加大了对如图 5-3 所示的高雾霾污染集聚区的治理力度，对中国雾霾污染的改善将具有实质性的意义。

参考文献

陈耀、陈钰：《我国工业布局调整与产业转移分析》，《当代经济管理》，2011 年第 10 期。

罗伯特·阿格拉诺夫、迈克尔·麦圭尔：《协作性公共管理：地方政府新战略》，李玲玲、勤益奋译，北京大学出版社 2007 年版。

马海龙：《京津冀区域治理协调机制与模式》，东南大学出版社 2014 年版。

马丽梅、刘生龙、张晓：《能源结构、交通模式与雾霾污染——基于空间计量模型的研究》，《财贸经济》，2016 年第 1 期。

马丽梅、张晓：《中国雾霾污染的空间效应及经济、能源结构影响》，《中国工业经济》，2014 年第 4 期。

潘文卿：《中国的区域关联与经济增长的空间溢出效应》，《经济研究》，2012 年第 1 期。

戚桂锋：《公平与效率关系的历史考察与展望》，《兰州大学学报》（社会科学版），2009 年第 3 期。

史丹、马丽梅：《京津冀协同发展的空间演进历程：基于环境规制视角》，《当代财经》，2017 年第 4 期。

陶希东：《全球城市区域跨界治理模式与经验》，东南大学出版社 2014 年版。

王火根、滕玉华：《经济发展与环境污染空间面板数据分析》，《技术经济与管理研究》，2013 年第 2 期。

文正邦：《公平与效率：人类社会的基本价值矛盾》，《政治与法律》，2008 年第 1 期。

许和连、邓玉萍：《外商直接投资导致了中国的环境污染吗》，《管理世界》，2012 年第 2 期。

张晓：《中国环境政策的总体评价》，《中国社会科学》，1999 年第 3 期。

郑长德、刘帅：《基于空间计量经济学的碳排放与经济增长分析》，《中国人口·资源与环境》，2011 年第 5 期。

朱允未：《东部地区产业向中西部转移的理论与实证研究》，浙江大学博士学位论文，2013 年。

祝文娟、吴常春、李妍君：《世界城市建设与区域发展——对北京建设世界城市的战略思考》，《现代城市研究》，2011 年第 11 期。

Anselin L.,"Spatial Effects in Econometric Practice in Environmental and Resource Economics"., *American Journal of Agricultural Economics*, Vol. 83, 2001.

Fredriksson P. G. and Millimet D. L.,"Strategic Interaction and the Determinants of Environmental Policy across U. S. States.", *Journal of Urban Economics*, Vol. 51, 2002.

Hosseini M., et al., "Spatial Environmental Kuznets Curve for Asian Countries: Study of CO_2 and PM2.5," *Journal of Environmental Studies*, Vol. 37, No. 58, 2011.

Hosseini H. M., Kaneko S.,"Can Environmental Quality Spread through Institutions?", *Energy Policy*, Vol. 56, 2013.

Hyder A. et al., "PM2.5 Exposure and Birth Outcomes Use of Satellite-and Monitor-Based Data.", *Epidemiology*, Vol. 25, No. 1, 2014.

Maddison D.," Modelling Sulphur Emissions in Europe: A Spatial Econometric Approach.", *Oxford Economic Papers*, Vol. 59, 2007.

Maradan D., Vassiliev A.,"Marginal Costs of Carbon Dioxide Abatement: Empirical Evidence from Cross-country Analysis.", *Swiss Journal of Economics and Statistics*, Vol. 141, No. 3, 2005.

Poon Jessie P. H. et al., "The Impact of Energy, Transport, and Trade on Air Pollution in China.", *Eurasian Geography and Economics*, Vol. 47, 2006.

Rupasingha A. et al., "The Environmental Kuznets Curve for US Counties: A Spatial Econometric Analysis with Extensions.", *Papers in Regional Science*, Vol. 83, 2004.

Stern D. I., "The Rise andFall of the Environmental Kuznets Curve", *World Development* , Vol. 32, No. 8, 2004.

第六章

省际出口贸易、空间溢出与碳排放效率

一、引言

经济学家罗伯特逊（D. H. Robertson）于1937年提出对外贸易是“经济增长的发动机”（Engine for Growth），这一命题在中国经济增长奇迹中得以充分体现。然而，出口贸易增长拉动中国经济整体增长的同时，也引发了高能耗、高排放、高污染等问题，其中因为出口导致隐含的碳排放约占全国总碳排放的30%。中国虽然对外贸易价值量呈现顺差扩大的趋势，但是中国对外贸易使得进口国的碳排放量减少，中国出口贸易中的碳排放显著增加，出现了碳排放量“逆差”。中国在2013年的进出口贸易总额突破4万亿美元，超过美国成为世界第一大贸易国，同时也是全球第一大二氧化碳排放国。根据国际能源组织（IEA）的统计数据，2008年中国碳排放量已经占到21.9%，位居世界第一，预测在2020年将达到89亿吨。中、美两个碳排放大国在2014年11月12日就减少碳排放发表联合声明，被视作“给全球带来了一次为实现气候安全而奋斗的机会”，同时也将减排的迫切性摆在各国面前。作为碳排放大国，一方面，中国要实现在2009年哥本哈根会议上作出的承诺“在2020年国内碳排放量比2005年降低40%~50%”，稳增长、调结构、减少碳排放的任务极其艰巨。另一方面，考虑到中国经济发展还将在较长时期内依赖出口贸易的稳定发展，出口商品中隐含碳排放的绝对量和相对值居高不下，解决问题的关键在于转变中国对外贸易的发展方式、提高出口贸易的碳排放效率。因此，亟须科学测算碳排放效率，探讨出口贸易等因素对碳排放效率的影响和作用，是一项基础性的工作。

二、文献综述

随着温室效应的日益显著，减少碳排放已经成为政府、民众以及国内外学界关注的热点，学界研究主要集中在碳排放量的计算、碳排放效率和影响碳排放的因素等方面，前者相对成熟，本章关注后两者。

对于碳排放效率的研究，国内外学者提出了不同的指标体系与计算方法，单指标方法相对简单，除了在一些简洁的研究报告中出现之外，现在的研究趋势大多采用的是综合性指标，常用的计算方法是 DEA 或者 SFA。常见的是构造基于松弛变量和考虑非期望产出的测度模型，将松弛变量直接纳入目标函数，有效地测度环境效率（Tone，2001，2003）。基于这一基础，有学者（Fare 和 Grosskopf，2010）提出了更加一般化的 SBM 方向性距离函数（Fukuyamaet 等，2009）。类似的方法国内已经有不少学者应用到碳排放效率计算上来，基于非意愿变量 Ruggiero 三阶段模型测算省域地区碳排放效率（李涛，2011），结果表明碳排放效率逐步提高，但是技术进步效应不显著。（朱德进，2013）基于 SBM-DEA 模型得出省域碳排放效率不高，省际区域差异较大，而且进出口贸易与碳排放效率之间呈现倒 U 型曲线特征。采用三阶段 DEA 模型（沈能，2013）构建出一个相对前沿的效率计算指标（魏楚，2007），将污染排放指数作为非合意性产出测度我国区域能源效率，得出更有效的测度指标。有学者构建了包含非期望产出的 DEA 模型（罗良文，2013），量化计算东、中、西部地区技术进步和技术效率变化指数，以及各地区全要素碳排放效率指数，测算了我国碳排放效率。构建同时含有期望产出与非期望产出的 DEA-Malmquist 模型（黄伟，2013），计算省域的碳排放效率，测度农业 Malmquist 碳排放效率指数（吴贤荣，2014）。总体来说，现有碳排放效率计算的研究主要在三个方面：一是模型和方法的改进，如贴近现实的各种 DEA 模型改进，少部分人还在用 SFA 模型以及其他方法；二是投入和产出变量的选择和变化；三是分析视角的变化，研究领域涉及工业、农业、出口贸易领域等。

以碳排放效率计算为基础，从不同视角考察包含贸易等变量对碳排放效率的影响和作用。借鉴 Coe 和 Helpman 的贸易溢出模型（黄先海，2009），研究发现本国的 R&D 和国外 R&D 的溢出效应都有利于全要素生产率的改进，前者的作用更为显著，而且人力资本通过技术创新促进效率的提高。研究出口贸易对我国全要素生产率增长的作用，运用1980~2004年的面板数据（康志勇，2009），验证出口对TFP的技术溢出长、短期效应，以及对沿海和内地的效果，总体上表现为负向的。在二氧化碳排放约束条件下，应用2001~2008年36个工业行业的数据（王喜平，2012），分析影响工业行业能源效率的企业研发投入、企业平均规模、行业产权结构等因素。在碳排放约束条件下，计算省域1999~2010年的城市非农用地效率（崔玮，2013），结果表明经济发展、非农用地利用强度对效率有正向作用，但是开放度的作用是负向的。为了计算我国全要素生产率，建立空间杜宾模型（叶明确等，2013），分析出口的溢出效应，认为出口对效率的影响和作用只有在出口贸易方式与全要素生产率大小相适应时才能发挥出正向的促进作用。探讨了我国二氧化碳排放效率的动态变化、区域差异及影响因素（王群伟等，2010），结果表明能源强度和所有制结构对二氧化碳排放绩效有显著的影响。有研究成果认为国际贸易技术溢出促进了生产率和技术进步的提高（高大伟，2010），以及促进了碳排放效率的改进和提高。

在现有研究文献中，关于碳排放效率的计算和影响因素方面存在异同，研究的结论也有所差异，原因在于理论、模型设计的不同，在计算方法上也存在差异，重点研究出口贸易对碳排放效率影响的文献不多，在计量方法的选择上，较少应用空间计量模型。基于现有研究，本章将在全要素框架下计算中国省域的二氧化碳排放效率（以下简称碳排放效率），分析其省域空间分布特征，在现有研究的基础上，研究出口贸易以及其他控制变量对效率的空间作用，主要贡献在于以下三点：一是构造序列DEA的SE-U-SBM模型计算省域经济发展的碳排放效率，这更符合省域出口贸易及碳排放的内在规律，因为该方法排除技术退步的可能性外引入追赶理念，可以克服产出的短期波动影响生产前沿的可能性；二是应用空间杜宾模型，分析出口贸易对碳排放效率的空间作用；三是探讨出口贸易之外的经济开放度、能源结构、资源禀赋等重要因素对碳排放效率影响的空间效应。本章后续的结构安排，第三部分是碳排放效率计算及其空间性检验，第四部分是碳排放效率影响因素的实证分析，第五部分为结论及政策启示。

三、碳排放效率计算及其空间性检验

（一）碳排放效率计算方法

根据“技术不会遗忘”的观点（Henderson 和 Rusell，2001），研究采用序列 DEA 来计算效率，即依据第 t 期及以前所有期的投入产出数据来确定 t 期的最佳生产前沿，借鉴、提出并完善序列 DEA 方法（Tulkens 和 Eechaunt，1995），对当期 SE-U-SBM 进行重新构建，构造序列 DEA 的 SE-U-SBM 模型。定义 $PPS|(x_o, y_o^g, y_o^b)$ 如下：

$$PPS = \left\{ (x, \bar{y}^{g}, \bar{y}^{b}) \middle| x \geqslant \sum_{t=1}^{T} \sum_{\substack{j=1 \\ j \neq 0}}^{L} \lambda_j^t x_j^t;\ \bar{y}^{g,T} \leqslant \sum_{t=1}^{T} \sum_{\substack{j=1 \\ j \neq 0}}^{L} \lambda_j^t y_j^{g,t};\ \bar{y}^{b,T} \geqslant \sum_{t=1}^{T} \sum_{\substack{j=1 \\ j \neq 0}}^{L} \lambda_j^t y_j^{b,t},\ l \leqslant e\lambda \leqslant u,\ \lambda_j^t \geqslant 0 \right\} \quad (6-1)$$

$$\rho = \min_{\lambda, \bar{x}, \bar{y}^g, \bar{y}^b} \frac{\frac{1}{m} \sum_{i=1}^{m} \frac{\bar{x}_i^T}{x_{io}}}{\frac{1}{S_1 + S_2} \left(\sum_{r=1}^{S_2} \frac{\bar{y}_r^{g,T}}{y_{ro}^{g,T}} + \sum_{k=1}^{S_1} \frac{\bar{y}_k^{b,T}}{y_{ko}^{b,T}} \right)}$$

$$\text{s.t.} \begin{cases} \bar{x}^T \geqslant \sum_{t-1}^{T} \sum_{\substack{j=1 \\ j \neq 0}}^{L} \lambda_t^t x_t^t \\ \bar{y}^{g,T} \leqslant \sum_{t-1}^{T} \sum_{\substack{j=1 \\ j \neq 0}}^{L} \lambda_j^t y_j^{g,t} \\ \bar{y}^{b,T} \geqslant \sum_{t-1}^{T} \sum_{\substack{j=1 \\ j \neq 0}}^{L} \lambda_j^t y_j^{b,t} \\ \bar{x}^T \geqslant x_o^T,\ \bar{y}^{g,T} \leqslant y_o^{g,T},\ \bar{y}^{b,T} \geqslant y_o^{b,T} \\ \bar{y}^{g,T} \geqslant 0,\ \bar{y}^{b,T} \geqslant 0,\ l \leqslant e\lambda \leqslant u,\ \lambda_j^t \geqslant 0 \end{cases} \quad (6-2)$$

（二）碳排放效率测算数据及来源

基于测算模型，研究所需的投入变量为资本、劳动力和能源，产出变量为 GDP 和非期望产出二氧化碳。资本存量数据是参考单豪杰（2008）应用永续盘存法计算得到的，单位为亿元；劳动力用的是各地区年初、年末就业人数的统计数据平均值（单位为万人）；GDP 来自历年《中国统计年鉴》；能源的数据来自《中国能源统计年鉴》，各地区按照各种能源标准煤系数统一换算为标准煤，单位为万吨。本章采用中国分省面板数据，由于西藏的数据不全，所以样本中不考虑西藏，时间段是 2000～2012 年。考虑到数据的可比性，涉及的经济变量都以 2000 年为基期做了平减。二氧化碳排放数据的计算参考联合国政府间气候变化专门委员会（IPCC）2006 年发布的《国家温室气体清单指南》提供的计算公式：

$$CO_2 = \sum_{i=1}^{3} CO_{2,\ i} = \sum_{i=1}^{3} E_i \times NCV_i \times \delta_i \qquad i = 1，2，3 \qquad (6-3)$$

其中，CO_2表示估算的二氧化碳排放量，E_i分别表示煤炭（单位为万吨）、原油（单位为万吨）、天然气（单位为亿立方米）的消耗量，NCV 为能源的平均低位发热量①。

（三）碳排放效率计算结果

应用序列 DEA 的 SE-U-SBM 模型，在规模报酬可变的条件下，计算 DEA 的效率，将 Malmquist Index（2000～2001）记为 MPI1，以此类推。

表 6-1 是规模报酬可变假设下得到的计算结果，可以看出总体上北京的碳排放效率高于其他省份，海南的碳排放效率相对最低。Malmquist Index（2005～2006）之前的效率值小于 1，之后效率值开始大于 1，说明碳排放效率呈现上升趋势。计算结果表明，30 个省域中的山西、内蒙古、辽宁、吉林、江西、湖南、广西、重庆、云南、陕西、青海、宁夏、新疆 13 个地区的平均效率值小于 1，说明碳排放是无效率的，最低的是宁夏，最高的是上海。总体来说，相对于中西部地区，东部发达省份的碳排放效率是相对较

① 《中国能源统计年鉴》（2010）附录四提供的中国三种一次能源的平均低位发热量为：煤炭、原油和天然气的平均低位发热量分别为 20908kj/kg、41816 kj/kg 和 38931 kj/m^3。δ 是根据 IPCC 提供的碳排放系数计算的有效二氧化碳碳排放系数，其中，煤炭、原油和天然气的有效二氧化碳排放系数分别为 95333 kg/tj、73300 kg/tj 和 56100 kg/tj。

高的。限于篇幅，规模报酬不变假设下的计算结果没有列出，如果有需要可向本章作者索取。

表 6-1　中国省域 Malmquist 指数

	MPI1	MPI2	MPI3	MPI4	MPI5	MPI6	MPI7	MPI8	MPI9	MPI10	MPI11	MPI12
北京	1.17	1.23	1.34	1.45	1.59	1.76	2.01	2.18	2.43	2.64	2.89	2.96
天津	0.99	1.03	1.02	1.08	1.09	1.11	1.23	1.07	1.32	1.45	1.57	1.71
河北	1.06	1.08	1.07	1.09	1.10	1.13	1.13	1.13	1.11	1.16	1.18	1.23
山西	0.97	0.97	0.98	1.00	0.99	0.96	0.96	0.93	0.87	0.85	0.84	0.83
内蒙古	0.84	0.75	0.59	0.48	0.46	0.42	0.42	0.42	0.41	0.40	0.39	0.39
辽宁	0.96	0.98	0.99	0.71	0.66	0.66	0.64	0.62	0.63	0.67	0.71	0.75
吉林	0.94	0.84	0.74	0.69	0.71	0.69	0.68	0.66	0.66	0.65	0.66	0.69
黑龙江	1.05	1.12	1.14	1.19	1.23	1.27	1.30	1.32	1.29	1.29	1.27	1.26
上海	0.99	1.04	1.09	1.17	1.21	1.34	1.47	1.48	1.51	1.57	1.63	1.74
江苏	1.07	1.14	1.16	1.15	1.11	1.38	1.73	2.16	2.66	3.21	3.84	4.70
浙江	1.04	1.02	1.02	1.02	1.03	1.05	1.10	1.17	1.22	1.28	1.34	1.46
安徽	1.02	1.04	1.06	1.08	1.10	1.12	1.15	1.17	1.20	1.23	1.25	1.26
福建	1.10	1.07	0.91	0.91	0.89	0.93	0.96	0.98	0.96	0.99	0.97	1.02
江西	0.99	0.79	0.58	0.55	0.55	0.55	0.56	0.59	0.61	0.61	0.62	0.65
山东	1.07	1.09	1.01	1.02	1.00	1.03	1.09	1.15	1.22	1.28	1.35	1.42
河南	0.98	1.00	0.98	0.94	0.93	0.93	0.94	0.94	0.93	0.93	0.94	0.99
湖北	1.09	1.12	1.12	1.13	1.16	1.21	1.25	1.33	1.36	1.36	1.37	1.40
湖南	0.82	0.73	0.62	0.56	0.51	0.52	0.53	0.56	0.57	0.57	0.56	0.58
广东	0.99	1.06	1.10	1.13	1.16	1.21	1.27	1.28	1.30	1.34	1.37	1.40
广西	0.92	0.99	0.74	0.60	0.59	0.58	0.58	0.59	0.58	0.54	0.50	0.50
海南	0.17	0.17	0.13	0.14	0.16	0.14	0.13	0.13	0.13	0.13	0.13	0.12
重庆	0.87	0.85	0.90	0.87	0.77	0.78	0.81	0.84	0.87	0.90	0.92	0.97
四川	1.04	1.03	0.97	0.98	1.00	1.03	1.06	1.08	1.11	1.17	1.25	1.32
贵州	0.99	0.99	0.94	0.94	0.99	1.00	1.03	1.05	1.06	1.07	1.08	1.06
云南	1.00	0.99	0.94	0.91	0.86	0.86	0.89	0.92	0.93	0.90	0.88	0.88
陕西	0.92	0.91	0.89	0.89	0.88	0.89	0.91	0.92	0.93	0.92	0.92	0.93
甘肃	1.02	1.01	0.98	0.98	0.98	0.99	1.00	1.01	1.03	1.02	1.01	1.03
青海	0.87	0.75	0.69	0.63	0.57	0.55	0.54	0.54	0.53	0.52	0.49	0.47
宁夏	0.76	0.60	0.49	0.46	0.45	0.44	0.43	0.43	0.40	0.40	0.37	0.37
新疆	1.01	1.01	1.00	0.97	0.96	0.94	0.96	0.97	0.95	0.94	0.91	0.86
几何平均	0.924	0.982	0.939	0.973	0.996	1.014	1.028	1.021	1.019	1.020	1.012	1.028

（四）碳排放效率的空间相关性检验

由于中国区域之间存在着各种互动，区域间的各种变量不是独立的，总会通过各种方式影响到其他区域或者受到其他区域空间作用的影响。本章将对碳排放效率做空间相关性检验，对于空间权重矩阵的设置，研究中选择邻接、地理和经济三种空间权重矩阵。其中，邻接空间权重矩阵中的元素 w，在空间单元 i 和 j 相邻时取值为 1；若不相邻则取值为 0。在建立地理距离权重矩阵时，距离选用各省省会之间球面距离平方的倒数来构造。在构建经济空间权重矩阵时，选择地区间人均实际生产总值的差额作为测度地区间"经济距离"的指标。其中，经济因素用样本考察期间的省际人均实际生产总值与各省人均地区生产总值的均值之差，取其绝对值的倒数来衡量。研究采用 Moran's I 指数对中国分省碳排放效率的空间相关性进行检验，计算结果参见表 6-2 和表 6-3，用碳排放效率（Crs）和碳排放效率（Vrs）表示在规模报酬不变、可变两种不同假设下得到的效率计算结果。

表 6-2　碳排放效率（Crs）的 Moran's I 指数

年份	邻接权重			地理权重			经济权重		
	I	Z	p-value *	I	Z	p-value *	I	Z	p-value *
2001	0.177	1.806	0.035	0.021	0.607	0.272	0.01	0.359	0.36
2002	0.069	0.87	0.192	0.022	0.612	0.27	0.032	0.527	0.299
2003	0.133	1.411	0.079	0.108	1.549	0.061	0.16	1.536	0.062
2004	0.183	1.822	0.034	0.116	1.622	0.052	0.158	1.51	0.065
2005	0.19	1.904	0.028	0.12	1.694	0.045	0.19	1.789	0.037
2006	0.22	2.16	0.015	0.144	1.959	0.025	0.225	2.075	0.019
2007	0.242	2.373	0.009	0.163	2.184	0.014	0.261	2.382	0.009
2008	0.262	2.568	0.005	0.173	2.317	0.01	0.282	2.574	0.005
2009	0.291	2.869	0.002	0.199	2.659	0.004	0.325	2.971	0.001
2010	0.291	2.903	0.002	0.192	2.612	0.004	0.307	2.86	0.002
2011	0.299	3.008	0.001	0.207	2.811	0.002	0.33	3.083	0.001
2012	0.325	3.212	0.001	0.231	3.071	0.001	0.368	3.383	0

表 6-3　碳排放效率（Vrs）的 Moran's I 指数

年份	邻接权重			地理权重			经济权重		
	I	Z	p-value *	I	Z	p-value *	I	Z	p-value *
2001	0.044	1.069	0.142	0.015	0.88	0.189	0.072	1.378	0.084
2002	-0.03	0.062	0.475	-0.02	0.156	0.438	0.092	1.225	0.11
2003	0.03	0.587	0.279	0.041	0.891	0.186	0.147	1.55	0.061
2004	0.095	1.114	0.133	0.078	1.251	0.105	0.172	1.675	0.047
2005	0.082	0.984	0.163	0.072	1.169	0.121	0.186	1.757	0.039
2006	0.12	1.302	0.096	0.088	1.333	0.091	0.201	1.867	0.031
2007	0.17	1.723	0.042	0.119	1.671	0.047	0.246	2.224	0.013
2008	0.169	1.725	0.042	0.095	1.421	0.078	0.207	1.921	0.027
2009	0.229	2.251	0.012	0.145	1.981	0.024	0.282	2.54	0.006
2010	0.264	2.563	0.005	0.17	2.273	0.012	0.315	2.826	0.002
2011	0.285	2.777	0.003	0.186	2.469	0.007	0.339	3.044	0.001
2012	0.31	3.032	0.001	0.198	2.641	0.004	0.362	3.28	0.001

从表 6-2 和表 6-3 的 Moran's Ⅰ指数检验结果可以看出，除个别年份之外，中国的碳排放效率存在显著的空间依赖性。

根据 Moran 散点图进一步揭示的空间集聚特征，绘制了三种空间权重下不同年份的碳排放效率散点图，以 2012 年为例，可变规模下效率值 Moran 散点图分别如图 6-1、图 6-2、图 6-3 所示，多数省份集聚在第一、第三象限。经统计，在邻接空间权重下有 23 个省份，在地理距离权重下有 25 个省份，在经济空间权重下有 28 个省份，这进一步表明中国区域碳排放效率存在高度的空间集聚特征，碳排放效率的空间分布是非均质的。其他年份的空间相关性检验结果也表明，在三种空间权重模式下，多数省份的效率水平集聚在第一、第三象限。由于篇幅关系，其他年份的 Moran 散点图没有在本章中给出，如有需要，可向本章作者索取等。

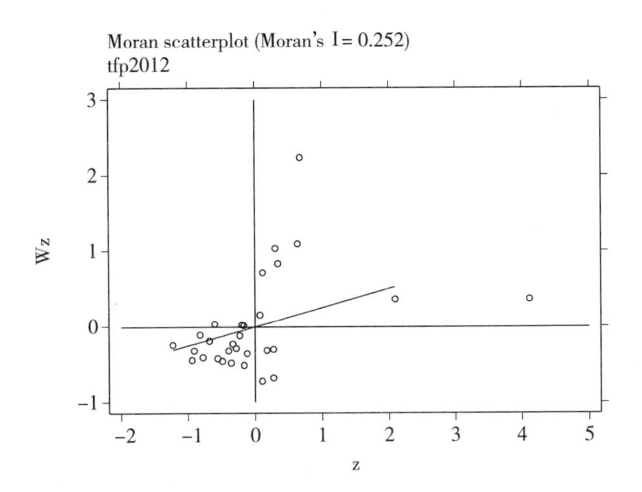

图 6-1　邻接权重下的 2012 年效率值 Moran 散点图

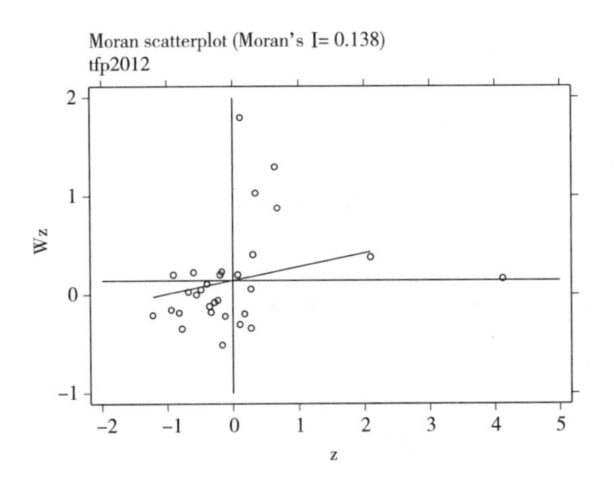

图 6-2　地理权重下的 2012 年效率值 Moran 散点图

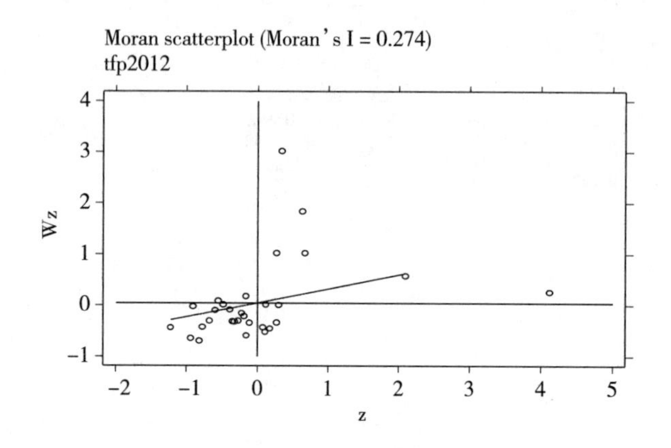

图 6-3　经济权重下的 2012 年效率值 Moran 散点图

需要说明的是，在做效率的空间相关性检验时，对效率的处理有两种不同的方法，一是用累积效率，二是用加 1 后取对数。表 6-2 和表 6-3 是采用第一种方法得到的检验结果，表 6-1 中，邻接权重下除 2002 年的 p 值大于 0.1 没有通过检验之外，其他年份的 p 值都小于 0.1，表明具有空间相关性；地理权重和经济权重下，2001 年、2002 年没有通过检验，其他年份都通过了检验。另外，对第二种方法计算的效率值做 Moran's I 指数检验，结果发现绝大多数年份具有空间相关性，由于篇幅的关系没有在此列出结果。

四、碳排放效率影响因素的实证分析

（一）碳排放效率影响因素的计量模型设定

基于前文的碳排放效率空间相关性检验结果，研究将建立空间回归模型来分析。参考空间杜宾模型（Spatial Durbin Model，SDM）（LeSage 和 Pace，2009），研究设定的空间面板杜宾模型如下：

$$Y = \alpha l_n + \rho WY + \beta X + \theta WX + \varepsilon \qquad (6-4)$$

其中，模型（6-4）中被解释变量 Y 为分省碳排放效率，X 为出口贸易占 GDP 的比重，同时还有其他控制变量，如对外开放度、能源结构、产权结构、技术创新、要素禀赋等。αl_n 为常数项，n 为 N×1 阶单位矩阵，N 为省份个数，ε 为误差项，W 为空间权重矩阵，WY 和 WX 分别考虑了被解释变量和解释变量的空间依赖。需要强调的是，在空间计量模型的估计结果中，若 $\rho \neq 0$，则对 WY 和 WX 的回归系数 ρ 和 θ 以及 X 的回归系数 β 的解释就与传统 OLS 回归系数的解释存在很大不同，换言之，以上回归系数并不能直接衡量解释变量的空间溢出效应。

为了对空间计量模型的回归系数进行合理解释，LeSage 和 Pace（2009）提出了空间回归模型偏微分方法。借鉴他们的方法，首先将模型（6-4）改写为：

$$(I_n - \rho W)y = \alpha t_n + \beta X + \theta WX + \varepsilon$$

$$y = \sum_{r=1}^{k} S_r(W)x_r + V(W)t_n\alpha + V(W)\varepsilon \tag{6-5}$$

$$S_r(W) = V(W)(I_n\beta_r + W\theta_r) \tag{6-6}$$

$$V(W) = (I_n - \rho W)^{-1} = I_n + \rho W + \rho^2 W^2 + \rho^3 W^3 + \cdots \tag{6-7}$$

其中，I_n 是 n 阶单位矩阵；k 为解释变量个数，x_r 为第 r 个解释变量，$r=1, 2, \cdots, k$，β_r 为解释变量向量 X 中第 r 个解释变量的回归系数，θ_r 表示 WX 的第 r 个变量的估计系数。为了解释 $S_r(W)$ 的作用，将式(6-5)写为式（6-7），某个地区 i（$i=1, 2, \cdots, n$）的 yi 可以表示为式(6-9)：

$$\begin{pmatrix} y_1 \\ y_2 \\ \vdots \\ y_3 \end{pmatrix} = \sum_{r=1}^{k} \begin{pmatrix} S_r(W)_{11} S_r(W)_{12} \cdots S_r(W)_{1n} \\ S_r(W)_{21} S_r(W)_{22} \cdots S_r(W)_{2n} \\ \vdots \quad \vdots \quad \ddots \quad \vdots \\ S_r(W)_{1n} S_r(W)_{2n} \cdots S_r(W)_{nn} \end{pmatrix} \begin{pmatrix} x_{1r} \\ x_{2r} \\ \vdots \\ x_{3r} \end{pmatrix} \tag{6-8}$$

$$+ V(W)t_n\alpha + V(W)\varepsilon$$

$$y_i = \sum_{r=1}^{k} [S_r(W)_{i1}x_{1r} + S_r(W)_{i2}x_{2r} + \cdots + S_r(W)_{in}x_{nr}] + V(W)t_n\alpha + V(W)_i\varepsilon \tag{6-9}$$

根据式（6-9），将 y_i 对其他区域 j 的第 r 个解释变量 x_{jr} 求偏导得到式（6-10），将 y_i 对本区域内的第 r 个解释变量 x_{ir} 求偏导得到式（6-11）：

$$\frac{\partial y_i}{\partial x_{jr}} = S_r(W)_{ij} \tag{6-10}$$

$$\frac{\partial y_i}{\partial x_{ir}} = S_r(W)_{ii} \tag{6-11}$$

其中，$S_r(W)_{ij}$ 衡量的是区域 j 的第 r 个解释变量对区域 i 被解释变量的影响；$S_r(W)_{ii}$ 衡量的是区域 i 的第 r 个解释变量对本区域被解释变量的影响。根据式（6-10）、式（6-11）可以发现，与 OLS 的估计系数相比，在空间回归模型中，若 $j \neq r$，y_i 对 x_{jr} 的偏导数通常也并不等于 0，而是取决于矩阵 $S_r(W)$ 中的第 i，j 个元素。同时，y_i 对 x_{jr} 的偏导数也通常并不等于 β_r，因此某个地区解释变量的变化将不仅影响本地区的被解释变量，而且影响其他区域的被解释变量，根据 LeSage 和 Pace（2009）的研究，前者可以称为直接效应，后者可以称为间接效应，两者相加则为总效应。

（二）空间计量分析的变量和数据来源

在我们建立的空间杜宾模型中，因变量为碳排放效率，变量的取值是将表 6-1 中的效率值加 1 后取对数，自变量为出口贸易，控制变量是指为了准确评估出口贸易对碳排放效率的效应，除了出口贸易之外的其他影响效率变化因素，包括经济发展、对外开放度、能源结构、产权结构、技术创新等。对各个变量的内涵和数据来源说明如下：

出口贸易用两种方法来度量，一是用出口贸易量表示，另一个是用出口贸易额占 GDP 的比重表示（单位为百分比），本章做计量分析采用的是后一种。经济发展主要用经济水平和经济结构两个变量来衡量，经济水平常用人均 GDP 表示，经济结构用工业化水平、产业结构和产权结构等来刻画，工业化水平用工业增加值占国内生产总值的比重表示，2000~2007 年工业增加值数据来源于各年《中国统计年鉴》和中国经济与社会发展统计数据库；产业结构用第二产业占各省生产总值的比重表示，第二产业产值数据和各省生产总值数据来源于各年《中国统计年鉴》；产权结构用国有单位职工人数占当地年末从业人员所占的比重表示，国有单位职工人数 2000~2012 年的数据和当地年末从业人员数据源于各地区的统计年鉴。对外开放度用外资水平和贸易开放度表示（周茂荣和张子杰，2009），外资水平用外商直接投资额占 GDP 的比重表示，数据来源于地方统计年鉴；贸易开放度用各地区进出口总额占 GDP 的比重表示。各地区进出口总额数据来源于各年《中国统计年鉴》。能源方面的因素主要用能源结构、能耗结构和能源强度来表示（王锋和冯根福，2011），能源结构用各省电力消费量占能源消费总量的比重表示。各省电力消费量数据来源于历年的《中国统计年鉴》，能源消费总量来源于历年的《中国能源统计年鉴》；能耗结构用煤炭消费总量占能源消费总量的比重表示，煤炭消费总量和能源消费总量的数据来源于《中国能源统计年鉴》，缺失的宁夏 2001 年数据采用插值法计算得出（下同）；能源强度用能源消费总量占 GDP 的比重表示，单位为万吨标准煤/亿元。技术创新用发明和研发投入来刻画（王华，2011），发明专利占比用发明授权总数占专利授权总数的比重表示，发明授权总数和专利授权总数数据来源于历年的《中国统计年鉴》。研发投入用各地研究与发展经费内部支出占各地 GDP 的比重表示，各省、自治区、直辖市 R&D 经费支出（亿元）数据来源于国家统计局。对上述变量的描述性统计如表 6-4 所示。

表 6-4　变量的描述性统计

变量	平均值	标准差	最小值	最大值
出口贸易占 GDP 比值（trgdp）	0.172	0.204	0.015	0.920
研发投入（rd）	0.012	0.011	0.001	0.070
对外开放度（fdig）	0.026	0.021	0.001	0.092
产权结构（cq）	0.112	0.051	0.048	0.375
工业化水平（gyh）	0.351	0.104	0.113	0.573
发明专利（fmzl）	0.131	0.073	0.016	0.400
能源结构（nyjg）	0.125	0.032	0.067	0.223

续表

变量	平均值	标准差	最小值	最大值
产业结构（cyjg）	0.467	0.080	0.192	0.664
能源强度（nyqd）	1.433	0.804	0.401	5.229
人均 GDP（gdpp）	22.804	17.266	2.856	91.252
能耗结构（es）	0.687	0.237	0.226	1.449
出口贸易（ex）	2024.460	4169.587	11.898	27230.190
资源禀赋（lnkl）	1.789	0.728	0.176	3.834
可变规模下的效率值（tfpvrs）	0.662	0.211	0.115	1.740
不变规模下的效率值（tfpcrs）	0.706	0.170	0.343	1.565

（三）对碳排放效率影响因素的实证分析

需要说明的是，在应用空间计量模型做回归分析时，为克服多重共线性，解释变量将逐步回归法引入模型，最后根据计量和统计检验选择最合适的变量。参数估计方法采用最大似然法，分别对三种空间权重下的 SLM、SEM 和 SDM 进行估计。在面板数据模型中对是固定效应还是随机效应采用了 Hausman 检验，在固定效应（FE）和随机效应（RE）中进行选择，发现随机效应比固定效应更吻合，这种情况在面板数据中出现得是比较少的。然后利用赤池信息准则（AIC）以及自然对数似然函数值在不同模型中进行选择（Elhorst J. P. 和 S. Freret，2009）。

表 6-5 是采用邻接空间权重矩阵下的参数估计结果。Hausman 检验结果表明，所有模型均采用随机效应。由于表 6-5 中模型（3）、模型（6）、模型（7）里面的 wfdig、wlnkl 与 wlgdpp 均不显著，所以 SDM-RE 模型（3）、模型（6）、模型（7）拟合较差，而模型（5）的 R^2 明显小于其他模型，说明 RE 拟合较差。由于模型（2）、模型（4）、模型（8）的 R^2 明显大于其他模型，说明拟合度较好，同时观察 logl 的数据发现，模型（8）中的最大，因此我们认为表 6-5 中的模型（8）SDM 拟合度最好，另外模型（1）也对各个指标显著。最终选择 SDM 即模型（8）和 SLM-RE 模型（1）作为邻接权重下的估计结果，以此进行空间溢出效应的测算与分解。

表 6-5　邻接空间权重下的估计结果

解释变量	SLM-RE	SEM-RE	SDM-RE	SDM	RE	SDM	RE	SDM
	(1)	(2)	(3)	(4)	(5)	(6)	(7)	(8)
trgdp	0. 381 **	0. 600 ***	0. 373 **	0. 392 **	0. 334 **	0. 365 **	0. 398 **	0. 409 **
qtrgdp	-0. 371 **	-0. 575 ***	-0. 379 **	-0. 383 **	-0. 327 **	-0. 351 **	-0. 388 **	-0. 385 **
fdig	-1. 169 ***	-1. 285 ***	-1. 276 ***	-1. 259 ***	-1. 162 ***	-1. 145 ***	-1. 190 ***	-1. 335 ***
gyh	-0. 505 ***	-0. 388 ***	-0. 49 ***	-0. 440 ***	-0. 51 ***	-0. 467 ***	-0. 511 ***	-0. 244 **
es	-0. 200 ***	-0. 169 ***	-0. 195 ***	-0. 206 ***	-0. 167 ***	-0. 201 ***	-0. 201 ***	-0. 194 ***
lnkl	-0. 233 ***	-0. 278 ***	-0. 234 ***	-0. 251 ***	-0. 221 ***	-0. 244 ***	-0. 234 ***	-0. 315 ***
lgdpp	0. 290 ***	0. 323 ***	0. 289 ***	0. 342 ***	0. 284 ***	0. 252 ***	0. 319 ***	0. 384 ***
ρ/λ	0. 318 ***	0. 452 ***	0. 340 ***	0. 296 ***	0. 291 ***	0. 340 ***	0. 318 ***	0. 373 ***
wfdig			0. 792					
wgyh				-0. 323 **				-0. 530 ***
wes					-0. 250 **			-0. 251 **
wlnkl						0. 0476		0. 275 ***
wlgdpp							-0. 0278	-0. 226 ***
constant	0. 340 ***	0. 455 ***	0. 310 ***	0. 337 ***	0. 515 ***	0. 361 ***	0. 339 ***	0. 620 ***
R-sq	0. 119	0. 198	0. 117	0. 155	0. 075	0. 101	0. 135	0. 152
Logl	371. 3633	375. 9156	371. 9023	373. 7253	373. 8956	372. 6352	371. 6458	388. 2146
Aic	-720. 7267	-729. 8312	-719. 8045	-723. 4507	-723. 7911	-721. 2703	-719. 2916	-746. 4292

注：***、**、* 分别表示在 1%、5%和 10%的水平下显著。

表 6-6 是地理距离权重矩阵下的估计结果，同样，Hausman 检验的结果表明，模型分析应该选用随机效应。由于表 6-6 中的模型（4）、模型（6）、模型（7）中的 wgyh、wlnkl 与 wlgdpp 均不显著，所以模型（3）、模型（6）、模型（7）拟合较差，模型（5）的 R^2 明显小于其他模型，说明 RE

拟合较差。模型（1）、模型（3）、模型（8）中的 R^2 明显大于其他模型，说明拟合度较好，logl 的数据也是模型（8）中的最大，因此我们认为模型（8）拟合最好，选择模型（8）及模型（1）作为地理距离权重下的估计结果，以此进行空间溢出效应的测算与分解。

表 6-6　地理距离权重下的估计结果

解释变量	SLM-RE	SEM-RE	SDM-RE	SDM	RE	SDM	RE	SDM
	(1)	(2)	(3)	(4)	(5)	(6)	(7)	(8)
trgdp	0. 449***	0. 576***	0. 410**	0. 445***	0. 471***	0. 431***	0. 446***	0. 436***
qtrgdp	-0. 393**	-0. 490***	-0. 396**	-0. 390**	-0. 406**	-0. 369**	-0. 390**	-0. 408***
fdig	-1. 436***	-1. 528***	-1. 661***	-1. 425***	-1. 486***	-1. 357***	-1. 427***	-1. 681***
gyh	-0. 564***	-0. 551***	-0. 539***	-0. 569***	-0. 555***	-0. 543***	-0. 564***	-0. 533***
es	-0. 215***	-0. 194***	-0. 211***	-0. 214***	-0. 195***	-0. 212***	-0. 214***	-0. 192***
lnkl	-0. 245***	-0. 246***	-0. 237***	-0. 243***	-0. 235***	-0. 244***	-0. 244***	-0. 229***
lgdpp	0. 293***	0. 298***	0. 280***	0. 289***	0. 284***	0. 252***	0. 287***	0. 273***
ρ/λ	0. 421***	0. 507***	0. 478***	0. 424***	0. 352***	0. 428***	0. 421***	0. 410***
wfdig			2. 552**					2. 250**
wgyh				0. 0264				
wes					-0. 537***			-0. 498***
wlnkl						0. 0444		
wlgdpp							0. 00546	
constant	0. 304***	0. 549***	0. 220***	0. 303***	0. 714***	0. 325***	0. 303***	0. 607***
R-squared	0. 13	0. 172	0. 152	0. 127	0. 094	0. 122	0. 128	0. 113
Logl	375. 9015	376. 7784	378. 7175	375. 9133	380. 9698	376. 6387	375. 9101	383. 3015
Aic	-729. 803	-731. 557	-733. 435	-727. 827	-737. 94	-729. 277	-727. 82	-740. 312

注：***、**、*分别表示在 1%、5%和 10%的水平下显著。

表6-7是经济空间权重矩阵下的估计结果，根据Hausman检验，所有模型均采用随机效应。由于模型（3）、模型（4）中wfdig与wes均不显著，所以模型（3）、模型（4）拟合较差。由于所有模型的 R^2 都相似，说明拟合度都较好，模型（8）中logl的数据最大，因此我们认为模型（8）拟合最好，选择模型（8）及模型（1）作为经济空间权重下的估计结果，以此进行空间溢出效应的测算与分解。

表6-7 经济空间权重下的估计结果

解释变量	SLM-RE	SEM-RE	SDM-RE	SDM	RE	SDM	RE	SDM
	(1)	(2)	(3)	(4)	(5)	(6)	(7)	(8)
trgdp	0.330**	0.422**	0.379**	0.359**	0.314*	0.304*	0.350**	0.412**
qtrgdp	-0.272*	-0.307*	-0.289*	-0.292*	-0.262*	-0.245	-0.292*	-0.304*
fdig	-1.115***	-0.843*	-1.018**	-1.189***	-1.278***	-1.042**	-1.169***	-1.148***
gyh	-0.505***	-0.547***	-0.513***	-0.464***	-0.441***	-0.494***	-0.506***	-0.411***
es	-0.199***	-0.160***	-0.204***	-0.198***	-0.215***	-0.193***	-0.205***	-0.234***
lnkl	-0.244***	-0.250***	-0.249***	-0.253***	-0.239***	-0.244***	-0.248***	-0.270***
lgdpp	0.299***	0.314***	0.305***	0.321***	0.291***	0.270***	0.329***	0.363***
ρ/λ	0.307***	0.376***	0.280***	0.290***	0.250***	0.318***	0.306***	0.248***
wfdig			-1.346					-2.225**
wgyh				-0.142				
wes					-0.335***			-0.365***
wlnkl						0.0311		0.132***
wlgdpp							-0.0272	-0.165**
constant	0.346***	0.481***	0.384***	0.344***	0.628***	0.360***	0.347***	0.778***
R-squared	0.168	0.177	0.148	0.187	0.162	0.168	0.171	0.155
Logl	374.8507	373.0587	375.9878	375.2516	381.2994	375.3602	375.0658	387.5324
Aic	-727.701	-724.118	-727.976	-726.503	-738.599	-726.72	-726.132	-745.065

注：***、**、*分别表示在1%、5%和10%的水平下显著。

表6-5、表6-6、表6-7分别报告了邻接空间权重、地理距离权重、经济空间权重三种空间权重下的具体估计结果。观察发现三张表中的空间变量滞后项（误差项）系数 p/λ 均显著为正，由此进一步表明了中国省际出口贸易的碳排放效率存在显著的空间依赖性。此外，反映出口贸易变量的二次项前面的系数为负，表明随着出口贸易占 GDP 的比重上升，碳排放效率呈现先上升到一定程度时下降的趋势，即倒 U 型曲线趋势特征。出口贸易对碳排放效率改进的影响来自国际贸易竞争的压力、国内生产的压力、减排任务的压力、国内人民大众对环境期望的压力等。

（四）空间溢出效应分解

出口贸易碳排放效率的空间溢出效应包括：首先是出口贸易碳排放效率区域内溢出效应。根据表6-8，三种权重下出口贸易对碳排放效率的直接效应均显著为正，地理权重下的直接效应在模型（1）和模型（8）中分别为0.463和0.449，比邻接空间权重和经济空间权重下的直接效应都大，表明出口贸易的作用更加取决于地理位置，这和贸易的内在规律是一致的。而且，出口贸易的区域间溢出效应在三种权重下都为正，同样也是地理权重下的效应值为最大。出口贸易的总溢出效应，地理权重下溢出效应值大于0.75，较小的是经济权重下的效应值，居中的是邻接权重下的估计结果，进一步验证了出口贸易的空间作用与地理位置呈正相关。

其次是经济发展、工业化等控制变量空间溢出效应。在控制变量中，经济发展对碳排放效率的影响和空间作用主要看经济发展水平 GDP 前的系数，其均为正，而且明显显著，说明经济增长促进了碳排放效率的提高，但是工业化变量在邻接空间权重、地理距离权重和经济空间权重下，工业化前的系数均为负，说明工业化的进程对碳排放效率产生了负向的空间影响和作用。其他变量的作用由于篇幅关系不一一说明，具体的间接效应、直接效应以及总效应如表6-8所示。

表 6-8　空间溢出效应的分解

效应	解释变量及模型	邻接空间权重（w1）		地理距离权重（w2）		经济空间权重（w3）	
		SLM-RE (1)	SDM-RE (8)	SLM-RE (1)	SDM-RE (8)	SLM-RE (1)	SDM-RE (8)
直接效应	trgdp	0. 389 ***	0. 424 ***	0. 463 ***	0. 449 ***	0. 336 **	0. 418 ***
	fdig	-1. 177 **	-1. 367 ***	-1. 464 ***	-1. 529 ***	-1. 121 **	-1. 302 ***
	gyh	-0. 521 ***	-0. 313 ***	-0. 587 ***	-0. 555 ***	-0. 521 ***	-0. 421 ***
	es	-0. 194 ***	-0. 218 ***	-0. 211 ***	-0. 228 ***	-0. 193 ***	-0. 253 ***
	lnkl	-0. 234 ***	-0. 291 ***	-0. 248 ***	-0. 231 ***	-0. 245 ***	-0. 259 ***
	lgdpp	0. 293 ***	0. 368 ***	0. 299 ***	0. 278 ***	0. 302 ***	0. 349 ***
间接效应	trgdp	0. 171 **	0. 237 **	0. 319 **	0. 306 **	0. 137 **	0. 133 **
	fdig	-0. 510 **	-0. 763 **	-0. 998 ***	2. 502	-0. 454 **	-3. 210 ***
	gyh	-0. 228 ***	-0. 950 ***	-0. 403 ***	-0. 378 ***	-0. 213 ***	-0. 135 ***
	es	-0. 0836 ***	-0. 493 ***	-0. 143 ***	-0. 933 ***	-0. 0781 ***	-0. 529 ***
	lnkl	-0. 103 ***	0. 236 ***	-0. 170 ***	-0. 157 ***	-0. 101 ***	0. 0814
	lgdpp	0. 128 ***	-0. 12	0. 205 ***	0. 188 ***	0. 124 ***	-0. 0902
总效应	trgdp	0. 560 ***	0. 661 ***	0. 782 ***	0. 755 ***	0. 473 **	0. 551 ***
	fdig	-1. 687 **	-2. 130 ***	-2. 462 ***	0. 973	-1. 575 **	-4. 512 ***
	gyh	-0. 749 ***	-1. 263 ***	-0. 990 ***	-0. 933 ***	-0. 734 ***	-0. 556 ***
	es	-0. 277 ***	-0. 710 ***	-0. 354 ***	-1. 160 ***	-0. 271 ***	-0. 782 ***
	lnkl	-0. 337 ***	-0. 0549	-0. 418 ***	-0. 389 ***	-0. 346 ***	-0. 178 **
	lgdpp	0. 421 ***	0. 247 ***	0. 503 ***	0. 466 ***	0. 426 ***	0. 259 ***

注：***、**、* 分别表示在 1%、5%和 10%的水平下显著。

（五）稳健性检验

为了使得研究更具客观性，结果更为科学、准确，需做稳健性检验。在应用 DEA 模型测度效率时，有规模报酬不变、可变两种不同的假设前提，计算的效率水平用 Moran's I 指数分析都具有空间相关性，不同点是应用规模报酬不变假设前提下计算的效率值作为被解释变量时，空间分析模型中很多的变量都不显著，本章最后选择规模报酬可变假设下的碳排放效率值。

贸易变量的度量有两种方法，一种是出口贸易的绝对值，另一种是出口贸易占 GDP 的比重，两种结果都作为被解释变量来做空间计量分析，结果发现模型都成立，不同的是用绝对值时出口贸易对碳排放效率没有倒 U 型曲线特征，本章选用后一种度量方法。

五、结论及政策启示

本章利用中国 2000~2012 年分省面板数据，应用序列 DEA 的 SE-U-SBM 模型，计算中国各省域经济发展的碳排放效率，Moran's I 指数分析结果表明其具有空间相关性，构建空间动态面板数据模型，根据参数检验，选择空间 Dubin 模型，分析出口贸易以及其他变量如经济开放度、能源、技术等对效率的影响和作用，结果表明：

（1）中国省际碳排放效率存在显著的空间依赖性和空间异质性。在邻接、地理和经济权重三种不同的空间关联模式下，在规模报酬可变或不变两种假设下，出口贸易都稳健地对碳排放效率的增长存在正向的区域内溢出效应、区域间溢出效应和空间溢出效应，相对来说，在地理距离权重下的估计结果比相对邻接空间权重和经济空间权重来说更为显著，说明地理距离对于出口贸易以及碳排放效率的影响更为明显。

（2）随着出口贸易的增加，碳排放效率呈现一定的倒 U 型曲线特征，适度的贸易规模促进出口的溢出效应，对碳排放效率有显著的推动作用。当吸收国外技术的能力弱或者出口贸易方式是粗放型时，出口贸易带来的各种效应对碳排放效率没有显著的影响，所以碳排放效率的改进更多地取决于出口贸易过程中提升技术水平和转变贸易发展方式，不可能靠无限地增加出口来提高。

（3）除了出口贸易外，经济开放度、能源、技术等因素对出口贸易碳排放效率的影响各不相同，存在的空间溢出效应有差异。对碳排放效率有正向作用的是经济变量，人均 GDP 对出口贸易碳排放效率的影响显著，但是工业化对出口贸易的碳排放效率存在负的显著性，说明传统工业化在数量上的扩张，加剧了出口贸易商品中碳排放量。对碳排放效率负向作用的因素有：外商直接投资加剧出口贸易中碳排放效率下降，原因在于外商投资关注经济效益甚于减少碳排放，未必就是技术先进、采用清洁能源等；能源强度和资源禀赋都存在负的显著性，与中国高能耗碳、能源中的碳比重高、资本劳动力之比不高等现状是对应的。对碳排放效率没有显著作用的是技术创新，研发投入、发明专利等对碳排放效率的改进没有明显的正向或负向作用，说明通过创新发展减少碳排放不显著。

基于上述研究，得到的政策启示是：发展经济稳增长无疑是提高碳排放效率的首要选择，首先，中央政府及相关部门应该进一步转变贸易发展方式，制定相关政策措施，克服不加甄别地引进外资的现象，以减排指标为引进外资的重要参照标准，积极应用先进技术、新能源、新的管理方法等。其次，积极推进新型工业化，鼓励高科技含量、经济效益好、低能耗、少污染等具有世界领先优势的出口贸易。再次，各省应在经济发展新常态中改善能耗结构、能源利用效率和资源禀赋结构。降低碳能源在能源中的比例，引进清洁能源，提升人力资源水平，大力培养技术人才，提升资源禀赋。最后，通过省际之间的良性竞争和合作，发挥技术创新的作用，促进本地区技术革新和产业升级的步伐，限制传统的能耗密集型商品的出口贸易，形成良性的竞争激励和省际合作机制。

参考文献

崔玮、苗建军、杨晶：《基于碳排放约束的城市非农用地生态效率及影响因素分析》，《中国人口·资源与环境》，2013 年第 23 期。

高大伟、周德群、王群伟：《国际贸易、R&D 技术溢出及其对中国全要素能源效率的影响》，《管理评论》，2010 年 22 期。

黄伟：《中国省域二氧化碳排放效率研究》，湖南大学硕士学位论文，2013 年。

黄先海、石东楠：《对外贸易对我国全要素生产率影响的测度与分析》，《世界经济研究》，2005 年第 1 期。

康志勇：《出口与全要素生产率——基于中国省际面板数据的经验分析》，《世界经济研究》，2009 年第 12 期。

罗良文、李珊珊：《FDI、国际贸易的技术效应与我国省际碳排放效率》,《国际贸易问题》, 2013 年第 8 期。

李涛、傅强：《中国省际碳排放效率研究》，《统计研究》，2011 年第 28 期。

魏楚、沈满洪：《能源效率及其影响因素：基于 DEA 的实证分析》，《管理世界》，2007 年第 8 期。

王锋、冯根福：《优化能源结构对实现中国碳强度目标的贡献潜力评估》,《中国工业经济》, 2011 年第 4 期。

王华：《更严厉的知识产权保护制度有利于技术创新吗?》，《经济研究》，2011 年第 2 期。

王群伟、周鹏、周德群：《我国二氧化碳排放效率的动态变化、区域差异及影响因素,《中国工业经济》, 2010 年第 1 期。

吴贤荣、张俊飚、田云、李鹏：《中国省域农业碳排放：测算、效率变动及影响因素研究——基于 DEA-Malmquist 指数分解方法与 Tobit 模型运用》,《资源科学》, 2014 年第 36 期。

王喜平、姜晔：《碳排放约束下我国工业行业全要素能源效率及其影响因素研究》,《软科学》, 2012 年第 26 期。

叶明确、方莹：《出口与我国全要素生产率增长的关系——基于空间杜宾模型》,《国际贸易问题》, 2013 年第 5 期。

袁阡佑：《东北产业集群研究——基于长三角产业集群的经验》，复旦大学博士学位论文，2006 年。

沈能、王群伟：《中国能源效率的空间模式与差异化节能路径——基于 DEA 三阶段模型的分析》,《系统科学与数学》, 2013 年第 33 期。

朱德进：《基于技术差距的中国地区二氧化碳排放效率研究》，山东大学博士学位论文，2013 年。

周茂荣、张子杰：《对外开放度测度研究述评》，《国际贸易问题》，2009 年第 8 期。

Elhorst J. P. and S. Freret, “Evidence of Politial Yardstick Competition in France Using a Two-regime Spatial Durbin Model with Fixed Effects”, *Journal of Regional Science*, Vol. 49, 2009.

Elhorst J. P., “Applied Spatial Econometrics: Raising the Bar”, *Journal of Spatial Economic Analysis*, Vol. 5, 2010.

Hirofumi Fukuyama, William L., and Weber, “A Directional Slacks-based

Measure of Technical Inefficiency", *Journal of Socio-Economic Planning Sciences*, Vol. 43, Issue 4, 2009.

Henderson D. J, R. R. Russell, "Human Capital and Convergence. A Production-Frontier Approach", *Journal of International Economic Review*, Vol. 5, 2005.

Kaoru Tone, "A Slacks-based Measure of Efficiency in Data Envelopment Analysis", *Journal of European Journal of Operational Research*, Vol. 130, No. 3, 2001.

Kaoru Tone, and Biresh K. Sahoo, "Scale, Indivisibilities and Production Function in Data Envelopment Analysis", *Journal of International Journal of Production Economics*, Vol. 84, No. 2, 2003.

LeSage J., and R. K. Pace, "Introduction to Spatial Econometrics", *Journal of Chapman & Hall*: CRC, 2009.

Rolf Färe, and Shawna Grosskopf, "Directional Distance Functions and Slacks-based Measures of Efficiency", *Journal of European Journal of Operational Research*, Vol. 200, No. 1, 2010.

Tulkens H. and P. V. Eeckaut, "Non-Parametric Efficiency, Progress and Regress Measures for Panel Data: Methodological Aspects", *Journal of European* Journal of Operational Research, Vol. 80, No. 3, 1995.

第七章
中国碳排放影响因素的空间分解分析

一、引言

中国在应对全球气候变化这一人类威胁上具有重要作用。2014 年 11 月，在《中美气候变化联合声明》中，中国表示计划在 2030 年左右二氧化碳排放达到峰值且将努力早日达峰，并计划到 2030 年非化石能源占一次能源消费比重提高到 20%左右。2015 年 7 月，中国政府发布并提交给联合国气候变化框架公约秘书处的《强化应对气候变化行动》——中国国家自主贡献（INDCs），展现了中国作为发展中国家至 2030 年的低碳发展蓝图，其中表明中国将推动经济低碳转型，以世所罕见的速度大幅提高经济效益，到 2030 年单位 GDP 二氧化碳排放比 2005 年下降 60%~65%。同时，全社会新增节能投资、新增低碳能源投资到 2030 年将突破 41 万亿元，产业规模将达到 23 万亿元，对 GDP 的贡献率将超过 16%。这些行动声明将成为中国进一步制定全国及各省市区碳排放政策、落实碳减排任务的重要推动力量。然而，中国各个地区在技术水平、产业结构、能源结构等多个方面都存在显著差异，因此，有必要在把握中国碳排放的历史特征、省区特征、行业特征的基础上，从区域和产业两个维度考虑中国碳排放的影响因素，并据此制定出科学合理的碳排放政策，从而促进中国经济与环境协调发展并实现上述有关碳减排的国际承诺。

近些年来，关于中国碳排放影响因素的研究增长迅速。现有研究中多数都是采用分解方法来考察各类因素对碳排放的影响力度，可根据研究方法将这些研究分为两类。一类是采用指数分解方法和年度数据展开的研究。例如，孙建卫等（2010）采用 Laspeyres 指数分解方法对 1995~2005 年中国的碳排放量和碳排放强度进行了分解，认为技术进步是碳排放量和碳排放强度变化的主导因素，工业部门是碳减排的关键。又如，蒋金荷（2011）采用 LMDI 法定量分析了中国 1995~2007 年碳排放变化的影响因素和贡献率。另一类是基于投入产出结构分解方法的研究。例如，张友国（2010）实证分析了经济发展方式的变化对中国碳排放强度的影响，结果表明，1987~2007 年经济发展方式的变化使中国 GDP 碳排放强度下降了 66.02%。此外，还有少数研究采用计量模型来研究碳排放的影响因素。例如，林伯强等（2010）认为中国实现低碳转型应当通过控制城市化速度和将城市化进程作为低碳经济发展的机会以及通过降低能源强度和改善能源结构来实现。

除了国家层面的碳排放分析外，从区域研究中国碳排放的文献也日益增多。岳超等（2010）利用 Theil 系数分析了 1995~2007 年中国省区碳强度差异变化，并用逐步线性回归分析表明能源资源禀赋、产业结构和能源消费结构是省区碳强度的决定因素。王锋等（2013）采用 LMDI 方法测算了 30 个省市区对全国碳强度下降的贡献。曾贤刚等（2009）对各省区 2000~2007 年的碳排放特征进行了对比分析。陈诗一（2012）构建了低碳转型进程的动态评估指数，对改革开放以来中国各省级地区的低碳经济转型进程进行了评估和预测。张金灿等（2015）、潘家华等（2011）、周五七等（2012）、刘亦文等（2015）对区域间的碳排放效率差异进行了实证分析。此外，石敏俊等（2012）对碳排放的空间转移进行了分析。

从产业的角度看，最近几年关于中国各细分产业的碳排放及影响因素的研究文献不断出现。钱明霞等（2014）基于投入产出技术，采用碳平均传播长度（APL）指标测算产业部门之间的碳距离，衡量了产业部门之间的碳波及效应。赵荣钦等（2010）采用 2007 年的数据对各省区不同产业空间碳排放强度和碳足迹进行了对比分析。朱永彬等（2014）通过构建分部门跨期优化模型，对消费偏好导向下的产业结构优化方向及碳排放趋势进行了模拟研究。涂正革（2012）基于八大行业部门碳排放量的指数分解分析了中国的碳减排路径与战略选择。

总体来看，现有文献多从单一角度分析中国的碳排放，很少有文献将区域和产业两个维度有机结合起来对中国的碳排放进行综合分析，而这正是本章试图解决的问题。本章建立了一个关于碳排放的空间分解模型，利用2000~2012年30个省市区六大产业的能源消耗数据，对中国的碳排放进行空间因素实证分析，并讨论了结果的政策含义。

二、研究方法与数据处理

（一）全国碳排放的核算模型

碳排放量的核算是分析和研究碳排放的基础，不同核算方法的核算结果有一定的差别。化石能源燃烧是产生CO_2的最主要来源。《2006年IPCC国家温室气体清单指南》介绍了不同种类化石能源燃烧的碳排放系数和核算方法，本章主要借鉴其方法，并结合中国的实际情况对碳排放量进行核算。

第i省区j行业第k种能源的CO_2的排放量可以用下式计算：

$$CO_{2(ijk)} = E_{ijk} \times AEF_k \tag{7-1}$$

其中，$AEF_k = NVC_k \times EF_k$，$E_{ijk}$表示$i$省区$j$行业（或生活消费）第$k$种能源的消耗量，$AEF_k$表示本章中所计算的第$k$种能源的$CO_2$排放系数，其值等于平均低位发热量（$NVC_k$）与IPCC公布的缺省值（$EF_k$）的乘积。由此，省区、行业、全国的碳排放量可以分别表示如下：

$$CO_{2(i)} = \sum_j \sum_k (CO_{2(ijk)}) \tag{7-2}$$

$$CO_{2(j)} = \sum_i \sum_k (CO_{2(ijk)}) \tag{7-3}$$

$$CO_2 = \sum_i \sum_j \sum_k (CO_{2(ijk)}) \tag{7-4}$$

（二）碳排放影响因素分解模型

由Ang提出的对数平均Divisia指数结构分解模型（LMDI）没有不能解释的残值且计算公式统一简便，因而被广泛应用于能源消耗和碳排放的研究。本章采用该方法对碳排放量进行加法分解。

---

① 本章中的碳排放量均指CO_2排放量。

$$CO_2 = \sum_i \sum_j \sum_k Q \frac{Q_i Q_{ij} E_{ij} E_{ijk} C_{ijk}}{Q\, Q_i Q_{ij} E_{ij} E_{ijk}} \tag{7-5}$$

$$= \sum_i \sum_j \sum_k QS_i P_{ij} I_{ij} M_{ijk} U_{ijk}$$

其中，i 代表省区，j 代表行业，k 代表能源品种，Q 代表产值。S_i代表省区结构，等于 i 省区在特定年份的总产值占当年全国总产值的比重。P_{ij}代表产业结构，等于 i 省区内 j 行业在特定年份的产值占 i 省当年总产值的比重。I_{ij}代表能源强度，表示 i 省 j 行业的能源消耗总量与 i 省 j 行业的产值之比。i 省 j 行业的能源消耗总量等于能源消耗实物量与各能源折标准煤系数的乘积。M_{ijk}代表能源结构，等于 i 省 j 行业第 k 种能源消耗量占 i 省 j 行业能源消耗总量的比重。U_{ijk}代表碳系数，等于 i 省 j 行业第 k 种能源的碳排放量与 i 省 j 行业第 k 种能源的实物消耗量之比。

根据 LMDI 方法，CO_2 的变化量可以分解为 $\Delta Cact$、$\Delta Cstr$、$\Delta Cpst$、$\Delta Cint$、$\Delta Cmix$、$\Delta Cemf$。$\Delta Cact$ 表示全国生产总值影响因子，$\Delta Cstr$ 表示省区产值结构影响因子，$\Delta Cpst$ 表示产业结构变化影响因子，$\Delta Cint$ 表示能源强度变化影响因子，$\Delta Cmix$ 表示能源结构变化影响因子，$\Delta Cemf$ 表示碳系数变化影响因子。

$$\Delta CO_2 = \Delta Cact + \Delta Cstr + \Delta Cpst + \Delta Cint + \Delta Cmix \tag{7-6}$$

其中，

$$\Delta Cact = \sum_i \sum_j \sum_k \frac{C_{ikj} - C_{ijk}}{\ln C_{ikj} - \ln C_{ijk}} \ln\left(\frac{Q^T}{Q^0}\right)$$

$$\Delta Cstr = \sum_i \sum_j \sum_k \frac{C_{ijk} - C_{ijk}}{\ln C_{ijk} - \ln C_{ijk}} \ln\left(\frac{S_i^T}{S_i^0}\right)$$

$$\Delta Cpst = \sum_i \sum_j \sum_k \frac{C_{ikj} - C_{ijk}}{\ln C_{ikj} - \ln C_{ijk}} \ln\left(\frac{P_{ij}^T}{P_{ij}^0}\right)$$

$$\Delta Cmix = \sum_i \sum_j \sum_k \frac{C_{ikj} - C_{ijk}}{\ln C_{ikj} - \ln C_{ijk}} \ln\left(\frac{M_{ijk}^T}{M_{ijk}^0}\right)$$

$$\Delta Cint = \sum_{i}\sum_{j}\sum_{k}\frac{C_{ikj} - C_{ijk}}{\ln C_{ikj} - \ln C_{ijk}}\ln\left(\frac{I_{ij}^{T}}{I_{ij}^{0}}\right)$$

由于

$$U_{ijk} = \frac{C_{ijk}}{E_{ijk}} = \frac{E_{ijk} \times \text{碳排放系数}}{E_{ijk} \times \text{折煤系统}} = \frac{\text{碳排放系数}}{\text{折煤系统}} = A_{k}(k = 1,\ 2,\ \cdots,\ 8)$$

所以

$$\Delta C_{emf} = 0$$

对碳排放量进行结构分解时，参考以往研究，我们假定每种能源使用的碳系数 U_{ijk} 是一个固定值，即该因素对碳排放量的变化没有影响。因此本章主要分析前五种因素的影响。全国生产总值的变化带来的碳排放量增加我们称为规模效应。生产活动是碳排放的重要基础和来源，因此全国生产产值的变化对碳排放量的变化是我们衡量的基础因素。省区产值结构变化、产业结构变化、能源强度变化、能源结构变化是我们分析碳排放在不同省区、不同产业来源的变化及使用效率的重要渠道，对这些因子的分析有利于找到碳减排的突破口，是制定碳排放政策的主要依据。进一步地，上述方法也可用于分析省际和产业层面的碳排放变化。

（三）数据来源及处理

本章中，能源消耗量包含能源终端消费量和能源转换消费量。根据历年《中国能源统计年鉴》公布的 30 个省市区①的《地区能源平衡表》得到 2000~2012 年各省分行业的能源终端消耗实物量，包括农、林、牧、渔、水利业，工业，建筑业，交通运输、仓储和邮政业，批发零售和住宿餐饮业，非物质生产部门及生活消费的七种能源的能耗实物量，包括煤炭、焦炭、原油、汽油、煤油、柴油、燃料油、天然气。由于缺失 2000~2002 年的《宁夏能源平衡表》、2002 年的《海南能源平衡表》，我们采用均值插补法补齐缺失数据。除能源终端消耗之外，能源加工转换过程也会产生大量的碳排放，因此为了更加准确地估计全国碳排放量，本章把火力发电和发热

① 不包括西藏自治区和港澳台地区。

消耗的能源数据核算到工业部门里。而其他能源转换部门（如洗选煤、炼焦、炼油、制气、天然气液化、煤制品加工、回收能等）主要是物理转换过程，理论上假定不产生 CO_2忽略不计。对于能源消耗的“0”值数据，本章均用“1E-50”这一极小值进行代替。

2000~2012 年 30 个省市区的六大产业的生产总值数据来自历年的《中国统计年鉴》，并采用 GDP 指数缩减法，将各省的产业产值数据换算成 2000 年的价格。七种能源的折标准煤系数以及平均低位发热量数据来自《2013 年中国能源统计年鉴》。

三、实证分析

（一）全国碳排放量变化趋势分析

如表 7-1 所示，伴随着 GDP 的增长，全国碳排放总量由 2000 年的 32.36 亿吨增长至 2012 年的 96.37 亿吨，增长量接近 2 倍，年均增长率 16.49%。分产业来看，各产业排放量占比基本稳定，工业占比各年均保持在 80%以上，是碳排放的主要来源。交通运输、仓储和邮政业是碳排放的第二大来源，排放量由 2000 年的 15.17 亿吨增长至 2012 年的 63.06 亿吨，占总排放量的比重由 4.69%上升至 6.54%。批发零售和住宿餐饮业的碳排放量增长较快，碳排放量由 2000 年的 0.36 亿吨增长至 2012 年的 1.81 亿吨，年均增长率 33.0%，占比由 2000 年的 1.13%增长至 2012 年的 1.88%。第一产业（农、林、牧、渔、水利业）的碳排放量由 2000 年的 0.86 亿吨增长至 2012 年的 1.42 亿吨，增加排放量 5530 万吨。但从占比的角度看，第一产业碳排放量占总排放量的比重呈下降趋势，2000 年占比 2.67%，2012 年降至 1.47%。非物质生产部门与第一产业的变化趋势基本一致，碳排放量从 2000 年的 0.63 亿吨增长至 2012 年的 1.66 亿吨，占比从 2000 年的 1.94%下降至 1.72%。在各产业中，建筑业碳排量最小，碳排放量由 2000 年的 2934 万吨上升至 2012 年的 6446 万吨，占比从 2000 年的 0.91%下降至 2012 年的 0.67%。生活消费碳排放量相对增长较慢，碳排放量占比大幅下滑。2000 年碳排放量 2.29 亿吨，占比 7.08%，2012 年碳排放量 4.04 亿吨，占比降至 4.19%。综合来看，2000~2012 年全国碳排放量快速增长，工业占比最高，交通运输、仓储和邮政业，批发零售和住宿餐饮业占比快速上升，而第一产业、建筑业、非物质生产部门和生活消费碳排放占比有所下降。

表 7-1　2000~2012 年全国碳排放总量　　　　单位：万吨

年份	合计	农、林、牧、渔、水利业	工业	建筑业	交通运输、仓储和邮政业	批发零售和住宿餐饮业	非物质生产部门	生活消费
2000	323560	8644	263962	2934	15168	3649	6292	22911
2001	341396	9040	279089	3147	17638	3790	5783	22909
2002	371109	9274	306511	3382	19531	4105	6177	22129
2003	425263	8571	356082	3005	23116	4459	5459	24570
2004	484953	9050	408282	3134	26575	5511	6446	25954
2005	574999	11793	480421	3674	35572	7760	6749	29030
2006	626891	12042	528057	3997	39246	8356	6818	28375
2007	697373	12051	592757	4170	43720	8905	7689	28081
2008	738264	11726	622751	5176	47879	11427	10761	28545
2009	774405	11558	651084	5128	50797	13432	12112	30293
2010	842280	12151	706119	6081	55223	14513	12715	35479
2011	938144	13100	790559	6258	59838	15946	13562	38881
2012	963675	14175	804887	6446	63058	18097	16603	40409

注：文中的非物质生产部门指除交通运输、仓储和邮政业，批发零售和住宿餐饮业以外的第三产业。

（二）碳排放量的空间因素分解分析

1. 全国碳排放量的影响因素分解

如表 7-2 所示，全国生产总值规模效应是拉动碳排放量上升的最主要驱动因素。2000~2012 年，全国的生产总值从 9.7 万亿元增长至 32.4 万亿元（按可比价计算），增长了近 3 倍。2001 年规模效应带来的碳排放增加量为 3.02 亿吨，远超过实际碳排放增量 1.78 亿吨。2012 年，由规模效应带来的碳排放增量上升至 9.27 亿吨，相比 2001 年增长了 2.07 倍，而实际碳排放增量由 1.78 亿吨上升至 2.55 亿吨，仅增长了 0.43 倍。这表明研究期间内全国产值规模的迅速扩大是推动碳排放量增长的主导力量，若其他条件不变，仅是产值规模变化，理论上碳排放量将远远高于实际观测水平。

表 7-2　2000~2012 年中国碳排放量变化的结构分解

单位：10^4万吨

时间	合计（ΔCO_2）	规模效应（ΔCact）	省区结构（ΔCstr）	产业结构（ΔCpst）	能源强度（ΔInt）	能源结构（ΔCmix）
00~01	17835.94	30183.02	-202.98	-4781.83	-7030.96	-331.31
01~02	29713.08	36442.20	-281.41	-593.70	-5857.99	3.99
02~03	54154.08	44875.58	-311.97	6851.87	1908.72	829.89
03~04	59690.29	57562.63	179.86	10067.25	-8612.05	492.59
04~05	90046.14	65071.41	1354.48	-9924.28	32012.14	1532.39
05~06	51891.96	77239.69	129.23	12298.01	-36610.04	-1164.91
06~07	70481.74	89667.06	427.97	3137.76	-23468.82	717.77
07~08	40891.07	78454.61	1937.20	8991.55	-50766.47	2274.19
08~09	36141.11	85863.73	-197.74	-39768.20	-8774.19	-982.48
09~10	67875.40	99422.95	1131.47	14571.83	-46877.98	-372.87
10~11	95864.01	98847.74	3630.53	-353.34	-7445.07	1184.15
11~12	25530.09	92709.92	3040.17	-23458.02	-45248.68	-1513.29
00~12	640114.91	856340.54	10836.81	-22961.1	-206771.39	2670.11

注：“00~01”表示 2000~2001 年，其他缩写依次类推。

能源强度是影响全国碳排放增量变化趋势的重要因素，它有效地抑制了经济总量带来的碳排放增长。从图 7-1 中可以看出，全国 CO_2 排放增量的

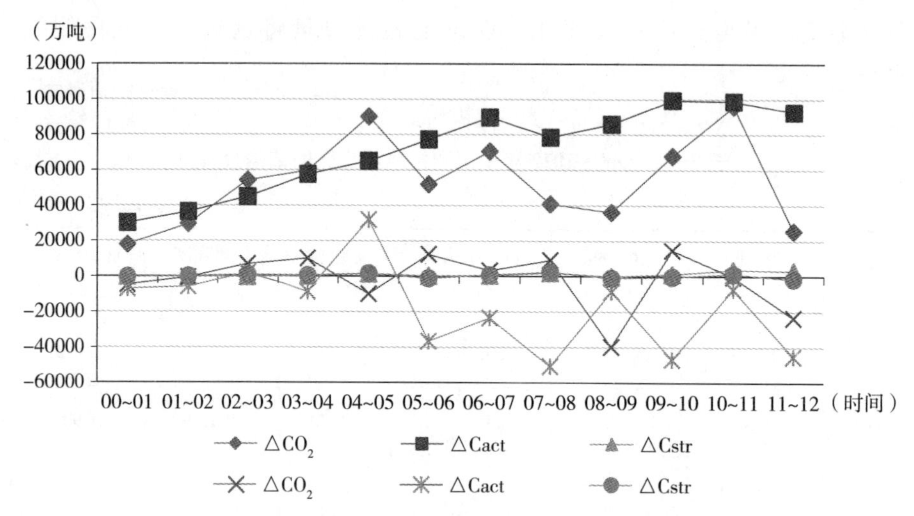

图 7-1　2000~2012 年中国碳排放量变化的结构分解走势

注："00~01" 表示 2000~2001 年，其他缩写依次类推。

变化趋势与能源强度的变化趋势具有很高的相关性。能源强度对碳排放的影响大致可以分为两个阶段：2005 年前对碳排放的影响较小，甚至个别年份导致碳排放增加；从 2006 年起，能源强度变化的影响力较大且一直有助于降低全国碳排放量。同时可以看到，2006 年也是实际碳排放量低于生产规模效应对碳排放量的拉升量的转折点。2002~2005 年实际的碳排放量基本高于生产的扩大带来的规模效应对碳排放量的拉升，而 2006 年之后，由于能源强度对碳排放的抑制作用大大超过了规模效应对碳排放的拉升，实际的碳排量增加量降低至规模效应的拉升量之下。这表明 2006~2012 年能源强度的降低极大地抑制了全国碳排量的增加，对碳减排做出了卓越的贡献。从表 7-3 中可以看出，2000~2005 年，全国能源强度基本高于 1.20 万吨标准煤/亿元，但 2006 年能源强度从 2005 年的顶峰值 1.26 万吨标准煤/亿元降至 1.21 万吨标准煤/亿元，此后一直下降，2012 年降至 0.93 万吨标准煤/亿元，这与以上分析恰好吻合。全国能源强度的下降主要得益于工业、建筑业和第一产业能源强度的下降，这些产业部门能源使用效率的提高使得单位产值的能源消耗量大幅下滑，因而在碳排放系数保持不变的情况下碳排放量大幅下降。

表 7-3　2000~2012 年中国各产业能源强度和产值占比

单位：万吨标准煤/亿元,%

年份	合计		农、林、牧、渔、水利业		工业		建筑业		交通运输、仓储和邮政业		批发零售和住宿餐饮业		非物质生产部门	
	能源强度	产值占比	能源强度	产值占比	能源强度	产值占比	能源强度	产值占比	能源强度	产值占比	能源强度	产值占比	能源强度	产值占比
2000	1.25	1.00	0.24	0.15	2.45	0.41	0.19	0.06	0.94	0.08	0.15	0.10	0.13	0.20
2001	1.20	1.00	0.24	0.15	2.39	0.40	0.18	0.07	0.96	0.08	0.15	0.10	0.11	0.21
2002	1.18	1.00	0.24	0.14	2.35	0.40	0.17	0.07	0.97	0.08	0.14	0.10	0.10	0.21
2003	1.20	1.00	0.36	0.13	2.30	0.42	0.14	0.07	1.07	0.08	0.15	0.10	0.08	0.21
2004	1.21	1.00	0.20	0.13	2.28	0.43	0.12	0.07	1.11	0.07	0.17	0.09	0.09	0.20
2005	1.26	1.00	0.24	0.12	2.37	0.43	0.16	0.06	1.72	0.06	0.18	0.11	0.07	0.23
2006	1.21	1.00	0.24	0.11	2.23	0.44	0.16	0.06	1.65	0.06	0.18	0.10	0.07	0.23
2007	1.17	1.00	0.22	0.11	2.16	0.45	0.15	0.05	1.68	0.05	0.17	0.10	0.06	0.24
2008	1.12	1.00	0.20	0.10	2.00	0.46	0.17	0.05	1.71	0.05	0.19	0.10	0.08	0.23
2009	1.04	1.00	0.18	0.10	1.97	0.43	0.13	0.06	1.69	0.05	0.18	0.11	0.07	0.25
2010	1.01	1.00	0.17	0.09	1.84	0.44	0.14	0.06	1.67	0.05	0.17	0.11	0.07	0.24
2011	1.00	1.00	0.17	0.09	1.83	0.45	0.13	0.06	1.67	0.05	0.17	0.11	0.07	0.24
2012	0.93	1.00	0.17	0.09	1.73	0.44	0.12	0.06	1.47	0.05	0.18	0.12	0.09	0.25

产业结构的变化对碳排放量增长的影响在研究期间内相对稳定，但在 2009 年和 2012 年出现大幅下滑，影响因子分别是-3.98 亿吨、-2.35 亿吨，这与 2009 年和 2012 年经济不景气、工业产值增速下滑有密切关系。由表 7-3 可知，2009 年和 2012 年工业产值占总产值的比重分别为 43.28%、43.54%，均低于 2008 年的 45.60%、2010 年的 44.43%、2011 年的 44.66%。与此对应，2009 年和 2012 年非物质生产部门占比分别是 24.72%、24.70%，均高于 2008 年的 23.17%、2010 年的 23.95%、2011 年的 23.91%，同时，2009 年和 2012 年建筑业的产值比重也高于相邻年份。这表

明在2009年和2012年工业产值占总产值的比重下降，与之相反，非物质生产部门和建筑业的产值占比有所上升，由于工业是能源强度最高的产业部门，而非物质生产部门和建筑业能源强度相对很低，因此上述产业结构的变化有利于减少碳排放量。

2000~2012年，省区产值结构和能源结构对碳排放的影响很小且变化不大。2000年，东部十省区的产值规模占全国总产值的52.54%，高于中西部之和，而2012年东部十省区产值占比52.26%，仅下降了0.28个百分点，全国总的产值格局基本未发生变化。同样，煤炭消耗量在本章中统计的七种能源的比重在2000年为72.38%，2012年降至69.49%，以煤炭为主的能源结构变化不大。这意味着进入21世纪以来，中国的能源结构和区域发展结构并未发生明显的改观，并未对碳排放量产生明显的抑制作用。

2. *省区层面的碳排放量的影响因素分解*

表7-4列示了省区层面的碳排放分解结果。2000~2012年，全国的碳排放量增加了64亿吨，分地区来看，山东、内蒙古、江苏、河北、河南位居全国前五位，占全国碳排放总增加量的39.5%，其中山东省碳排放增加量最大，达到7亿吨。此外，山西、广东、辽宁、浙江、湖北、陕西的碳排放增加量均超过2亿吨。而碳排放增加量最低的分别是上海、天津、北京、青海、海南。其碳排放增加量均在1亿吨之下。规模效应、省区结构因子、产业结构因子、能源强度因子、能源结构因子对省区碳排放量的影响各有不同。

表7-4 2000~2012年省区碳排放量变化的结构分解 单位：万吨

省市区	合计（ΔCO_2）	规模效应（ΔCact）	省区结构（ΔCstr）	产业结构（ΔCpst）	能源强度（ΔInt）	能源结构（ΔCmix）
山东	69973.34	58871.07	1748.62	-154.18	5123.58	4384.26
内蒙古	56293.36	43309.12	14299.12	7557.15	-9586.65	714.62
江苏	46620.97	51434.90	2111.25	-1653.06	-7132.68	1860.56
河北	46140.01	58835.00	-4302.97	-1431.88	-9139.15	2179.00
河南	33564.33	43213.54	-971.51	2546.82	-11829.69	605.17
山西	32612.46	39761.58	-284.15	962.70	-9021.45	1193.78

续表

省市区	合计 (ΔCO_2)	规模效应 ($\Delta Cact$)	省区结构 ($\Delta Cstr$)	产业结构 ($\Delta Cpst$)	能源强度 (ΔInt)	能源结构 ($\Delta Cmix$)
广东	29837.73	41599.00	-26.54	-3580.05	-9872.21	1717.53
辽宁	25747.33	43642.20	228.87	-1106.01	-17682.50	664.75
浙江	23380.35	29728.28	-1028.10	-2923.36	-3212.66	816.18
湖北	22974.67	31936.03	-276.92	-2497.61	-6666.71	479.88
陕西	21459.28	19203.77	1636.19	2309.54	-2692.08	1001.87
四川	19509.06	26454.58	862.97	235.85	-8394.85	350.52
安徽	19291.39	27803.40	-422.75	3611.15	-12091.89	391.47
湖南	19136.83	20333.05	-135.13	592.87	-2122.90	468.94
新疆	19000.61	18659.54	-2397.28	708.71	1065.43	964.22
福建	17067.57	15883.31	-35.98	539.47	82.30	598.48
贵州	15567.19	21380.82	-461.03	-1906.37	-3615.60	169.37
吉林	14955.49	21013.99	876.15	2498.81	-9592.07	158.61
云南	14887.28	15647.56	-1690.06	-2431.71	3047.84	313.65
黑龙江	14464.69	24959.36	-1866.60	-4655.66	-6124.50	2152.09
广西	12689.66	14398.72	11.39	1839.76	-3752.87	192.65
宁夏	11884.39	10267.04	-317.39	271.83	1260.38	402.53
江西	10328.18	12860.28	52.65	3125.99	-5835.13	124.38
甘肃	9604.33	13329.47	-1042.84	-449.10	-2320.17	86.95
重庆	9017.94	14954.34	1168.32	1128.99	-8751.49	517.77
上海	7908.92	19647.20	-1979.39	-3739.84	-5744.43	-274.61
天津	6344.70	15268.94	3307.24	-800.00	-11051.08	-380.41
北京	3678.14	10888.43	-968.60	-4076.83	-1148.20	-1016.65
青海	3117.05	3224.05	98.02	403.85	-636.95	28.08
海南	3057.67	2655.98	-146.69	201.06	259.38	87.95
合计	640114.92	771164.56	8046.89	-2871.12	-157178.99	20953.58

规模效应来自全国的生产产值规模的扩大，是促使碳排放增加的最主要和最直接的因素。这一变化产生的规模效应使各省区的碳排放量都有所增加。北京、上海、天津、黑龙江、辽宁由规模效应产生的碳排放增加量分别是其实际碳排放量的 2.96 倍、2.48 倍、2.41 倍、1.73 倍、1.70 倍，居全国前五位。而内蒙古、山东、宁夏、海南、陕西、福建、新疆各省区由规模效应产生的碳排放增加量低于实际的碳排放增加量，表明这七个省区的碳排放增加量的增长速度超过了全国生产规模的增长速度。从图 7-2 可以看出，规模效应对各省的碳排放增加量的影响基本保持一致。

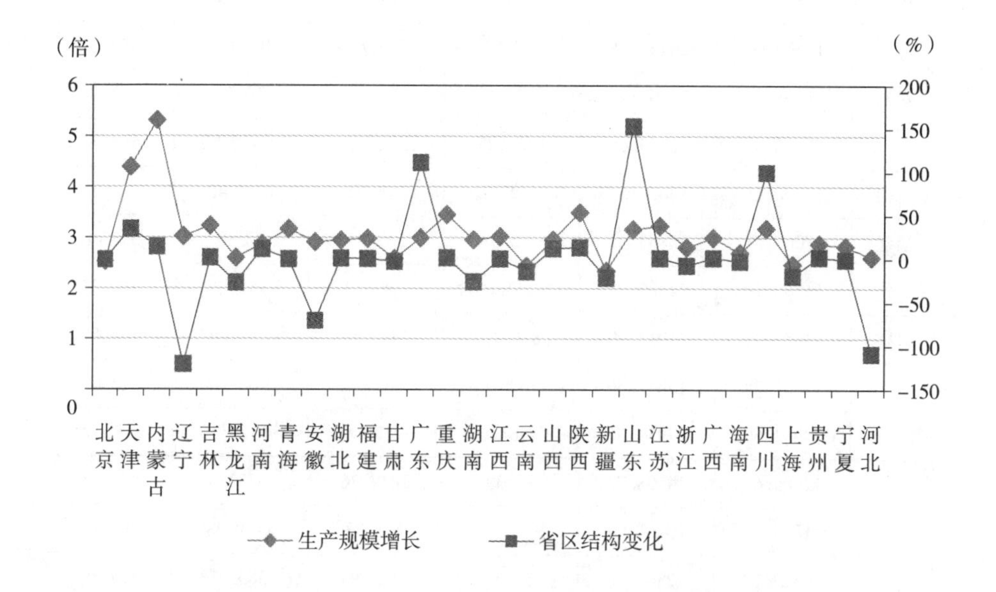

图 7-2　2000~2012 年各省区生产总值变化和省区结构变化

注：生产规模增长表示各省区 2012 年生产总值相比 2000 年的增长倍数。省区结构变化表示 2012 年各省区生产总值占全国的比重相比 2000 年的百分点变化。

不同省区的不同产值增长速度影响着各省区碳排放量的增减，促使碳排放格局发生变化。2000~2012 年，包括河北、新疆、上海、黑龙江、云南、甘肃、浙江、北京等在内的 18 个省市区的省区产值结构变化有助于减少碳排放量。从绝对值看，内蒙古的省区结构效应最高，达 14299.12 万吨，从占比看，省区结构变化对北京市碳排放的贡献最大，由其带来的碳排放减少量占实际碳排放增量的-26.3%，其次是上海（-25.0%）、黑龙江（-12.90%）、云南（-12.62%）、甘肃（-10.86%）、河北（-9.33%）。包括天津、重庆、内蒙古、陕西、吉林、江苏、四川在内的12个省市区的省区结构效应为正值，表明这些省区的产值占全国产值的比重大幅增加，加速了其碳排放量增长，其中内蒙古最高，2000~2012年省区产值结构变化促使碳排放量增加1.43亿吨，占实际碳排放增量的25.4%。从时间趋势看，2001~2012年省区结构变化对各省区碳排放量的影响趋势基本一致，但受2009年金融危机的影响，省区结构因素对各省的影响有所变化，其中山西、广东、河北、上海等省市的产值结构变化对碳排放量的抑制作用增强，而重庆、湖北的产值结构变化促使了碳排放量更快增长。

2000~2012年，产业结构的变化对各省区碳排放量有着不同的影响。2000~2012年，黑龙江、北京、上海、广东、浙江、云南、湖北、贵州、江苏、辽宁、天津、甘肃等省市区，由产业结构调整带来的碳排放量影响为负值，表明这些地区的产业结构变化有利于碳减排。而内蒙古、河南、安徽、江西等16个省区的产业结构变化促使了碳排放量的增加，不利于碳减排目标的实现。

如图7-3所示，北京、上海和江苏仅有批发零售和住宿餐饮业、非物质生产部门对碳排放量的增加产生了促进作用，这符合其第三产业占比提高的发展趋势。广东的工业、批发零售和住宿餐饮业、非物质生产部门促进了碳排放量增长，但交通运输、仓储和邮政业的调整对碳减排做出了卓越贡献。2000~2012年由广东省交通运输、仓储和邮政业带来的碳减排影响为-2851.95万吨，位居全国第一。黑龙江工业占比大幅下滑，对碳排放的影响为-4458.29万吨，其工业结构调整对碳排放的抑制作用位居全国第一。浙江和湖北仅有建筑业和非物质生产部门促进了碳排放量增长，但其作用远小于工业，交通运输、仓储和邮政业，生活消费的调整对碳排放的抑制作用。内蒙古、河南、重庆、江西、山西、陕西、新疆、山东、广西、四川的产业结构对碳排放量增加起了拉升作用，其主要原因在于这些地区的工业产值占比上升，促进了碳排放量的快速增长，尤其以内蒙古最为明显，其工业产值占比的变化促使碳排放量增加了1.08亿吨，其次是河南、安徽、江西、陕西、四川等。

从能源强度看，大部分省区能源强度的下降对碳减排起了举足轻重的

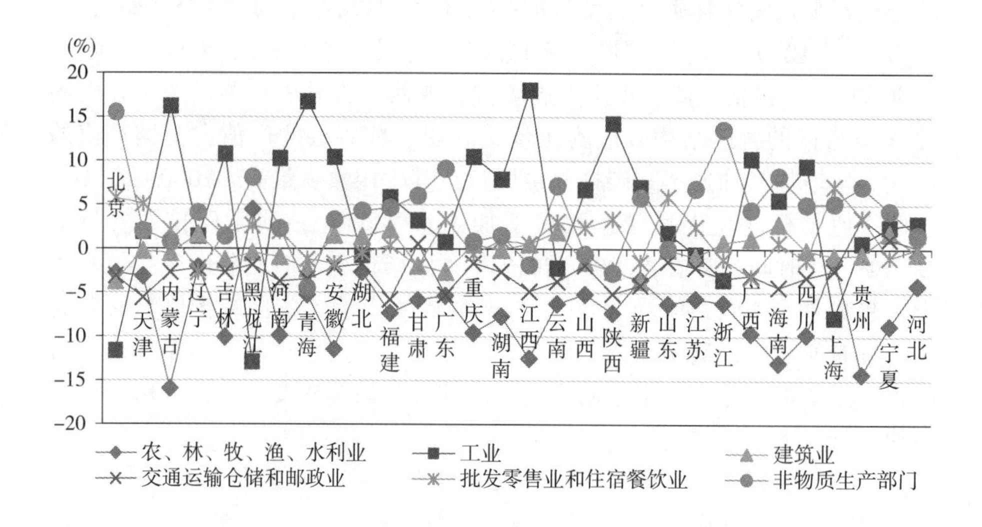

图 7-3　2000~2012 年各省区产业结构变化

注：图中数值为 2012 年各省区内各产业产值比重相比 2000 年的变化。

作用，在 30 个省市区中，仅云南、山东、宁夏、海南、新疆五个省区的能源强度对碳排放量增长起了促进作用，其余省份能源强度的变化均抑制了碳排放量的增加。如图 7-4 所示，分产业看，工业能源强度下降是绝大部分省份总能源强度下降的最重要原因，其中辽宁、内蒙古、河南、广东等省区工业能源强度下降对碳排放的抑制作用最为明显。此外，北京、天津、福建、浙江等 21 个省份的非物质生产部门，黑龙江、广东、山东、陕西等 21 个省份的第一产业，山东、安徽、山西等 18 省份的建筑业能源强度变化抑制了碳排放量的增长。然而，绝大部分省份交通运输仓储和邮政业的能源强度促进了碳排放量的增加，以山东、广东、内蒙古、云南最为明显；仅有天津、黑龙江、甘肃、福建、贵州五个省市的交通运输、仓储和邮政业的能源强度对碳排放量起了抑制作用。

如图 7-5 所示，从能源结构看，绝大多数省区以煤炭为主的能源消费结构没有改变，不利于碳减排目标的实现。2000~2012 年，山东、黑龙江、河北、广东、山西由能源结构变化带来的碳排放增加量分别是 4384. 26 万吨、2152. 09 万吨、2179. 00 万吨、1717. 53 万吨、1193. 78 万吨，居全国前五位。其中，河北和广东主要产生在工业部门，山东除工业部门外，交通

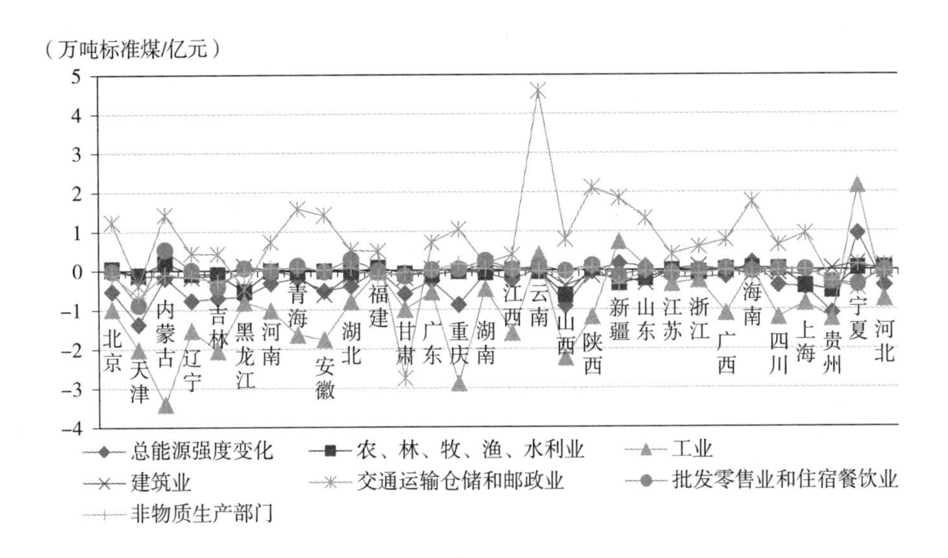

图 7-4　2000~2012 年各省区各产业能源强度变化

注：图中数值为 2012 年各省区内各产业能源强度相比 2000 年的变化。

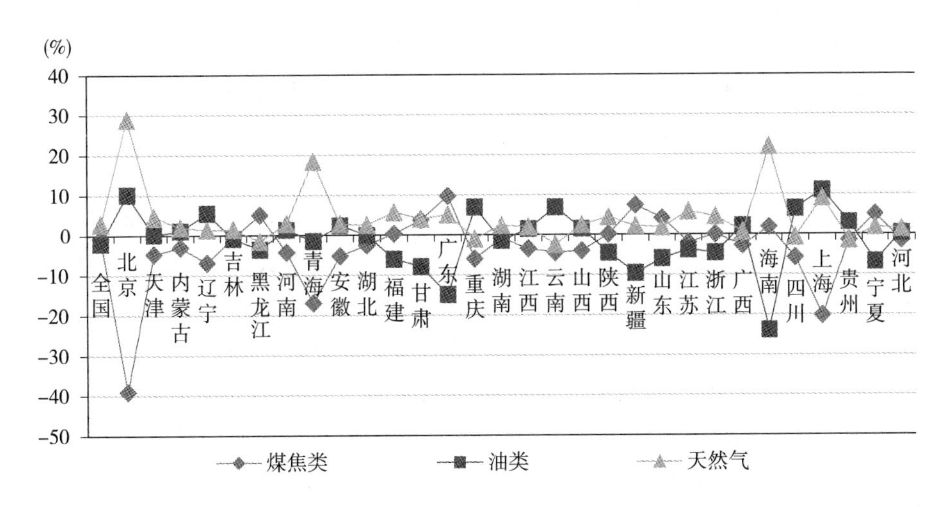

图 7-5　2000~2012 年各省区能源结构变化

注：图中数值为 2012 年各省区内能源消耗份额相比 2000 年的变化。

运输、仓储和邮政业，批发零售和住宿餐饮业，非物质生产部门，生活消费因能源结构变化产生的碳排放增量也占有一定的比重，其约和工业部门相当。黑龙江工业部门因能源结构变化产生的碳排放增量占比相对较低，批发零售住宿和餐饮业、非物质生产部门、生活消费因能源结构变化产生的碳排放量占有很大比重。山西交通运输、仓储和邮政业因能源结构变化产生的碳排放增量为878.55万吨，占73.6%，这表明山西应该着力调整交通运输、仓储和邮政业的能源结构，抑制碳排放的增加。能源结构调整对碳减排做出突出贡献的主要有北京、天津、上海，这三个市因能源结构调整对碳排放的影响分别为-1016.65万吨、-380.41万吨、-274.61万吨。其余省市区的能源结构调整都从一定程度上促进了碳排放量的增加。

四、结论与建议

本章从国家、区域和产业三个层面对2000~2012年中国碳排放的变化及其影响因素进行了空间分解分析，本章主要得出以下结论和建议：

第一，2000~2012年全国碳排放量增长近2倍，其中工业部门占比最高，交通运输、仓储和邮政业，批发零售和住宿餐饮业占比快速上升，而第一产业、建筑业、其他非物质生产部门和生活消费碳排放占比有所下降。全国产值规模的迅速扩大是推动碳排放量增长的主导力量，若其他条件不变，仅是产值规模变化，理论上碳排放量将远远高于观测水平。协调经济增长与减少碳排放是中国过去及未来发展面临的重要议题。

第二，能源强度是影响碳排放增量变化趋势的重要因素。能源强度的变化基本上决定了碳排放总量增减的变化方向。2006年之后，能源强度尤其是工业能源强度的持续下降极大地抑制了全国碳排放量的增加，对碳减排做出了卓越的贡献。此外，第一产业、建筑业、非物质生产部门的能源强度下降也从一定程度上抑制了碳排放。然而，交通运输、仓储和邮政业的能源强度却在2005年之后出现上升，大大提高了碳排放增加量。尽管交通运输、仓储和邮政业的产值占比在2005年之后开始下降，产业结构调整抑制着该部门的碳排放量增加，但该部门能源强度的提升几乎抵消了这一有利影响。因此，降低交通运输、仓储和邮政业的能源强度迫在眉睫，发展绿色交通十分必要。

从省区看，大部分省份工业能源强度的下降对碳减排起了举足轻重的作用，在30个省市区中，仅云南、山东、宁夏、海南、新疆五个省区的工业能源强度对碳排放量增长起了促进作用，其余省份能源强度的变化均抑制了碳排放量的增加。广东、上海、内蒙古、北京等省份的交通运输、仓储和邮政业的能源强度对碳排放量增长起了拉升作用。从未来的发展看，中西部地区的工业进程将继续加快，中西部地区将成为能源强度监测的重点区域。在中西部地区的工业发展过程中需要采用新设备、新工艺，实施重点节能工程，将能源效率指标作为工业发展的重要考核指标。

第三，不同省区应根据自身的实际情况落实碳减排任务。2000~2012年，山东、内蒙古、江苏、河北、河南碳排放增加量居全国前五位，占全国碳排放总增加量的39.5%，这五个省区是碳排放量大省，是碳减排的重点监测对象。但导致这五省区碳排放量增加的因素却各不相同，需区别对待。就江苏而言，其产业结构调整和能源强度下降均对抑制碳排放做出了卓越贡献，其碳排放量的增加是由其产值规模的扩大不可避免而带来的，若进一步控制碳排放，需要着力改善能源结构，大力发展清洁能源。产业结构调整对山东碳排放起了少许抑制作用，但能源强度和能源结构均促使了碳排放量的增加，因此，山东碳减排任务十分艰巨，提高能源使用效率、调整能源结构需要双管齐下。内蒙古能源强度大幅下滑，但高耗能工业占比过高促使其碳排放量快速增长，因此其碳减排的关键在于调整产业结构。河北产值占比的下降，能源结构和能源强度的下滑均对碳减排做出了贡献，其进一步碳减排的着力点依然在能源结构调整上。其他省区依次类推，当然尽管各省区碳减排的着力点不同，但调整产业结构、能源结构，提高能源使用效率始终是重要的方向。

第四，加快产业结构优化调整。本章发现工业部门产值占比是重要的指示指标，在经济不景气、工业产值占比下降的年份，产业结构因子显示均有利于碳减排。由于工业与交通运输、仓储业的能源强度远远高于其他产业，因此降低工业与交通运输、仓储和邮政业的占比，大力发展第三产业，提高低碳产业比重十分有利于控制碳排放量的增长。从省区看，2000~2012年超过半数的省区由产业结构调整带来的碳排放量影响为负值，有利于碳减排。广东、黑龙江、浙江工业与交通运输、仓储和邮政业的产值占比下降，为碳减排做出了卓越的贡献。北京、上海和江苏产业结构调整明显，第三产业快速发展，产值占比逐步提高，仅有批发零售和住宿餐饮业、非物质生产部门产业结构变化促进了碳排放量的增长。各省区应根据自身的比较优势，有重点地培育支持第三产业发展，淘汰高耗能工业的落后产能，从而落实碳减排任务。

第五，进入21世纪以来，中国的能源结构和省区产值结构并未发生明显的改观，致使省区产值结构和能源结构对碳排放的影响很小。绝大多数省区的能源结构总效应为正值，不利于碳减排目标的实现。山东、黑龙江、河北、广东、山西的能源结构变化带来的碳排放增加量居全国前五位，但不同省份的产业部门分布不一致，因此不同省区能源结构调整重点有所不同。例如，山西交通运输、仓储和邮政业因能源结构变化产生的碳排放增量占该影响因子影响总量的73.6%，这表明山西应该着力调整交通运输、仓储和邮政业能源结构，抑制碳排放的增加。能源结构调整对碳减排做出突出贡献的主要有北京、天津、上海，其余省区的能源结构调整均促进了碳排量增长，不利于碳减排。从未来发展看，大力发展清洁能源、减少对传统化石能源的使用依然是长久之策。此外，调整省际发展的平衡性也是未来控制碳排放量的关注点，内蒙古、山东、陕西等高耗能工业占比较高，产值结构也在提高的省区应适度控制其工业占比的提高，大力发展服务业和战略新兴产业。而针对河北、黑龙江等产值结构下降的省份也应通过发展低碳产业提高其经济发展活力。

需要指出的是，本章还有进一步拓展的空间。首先，囿于数据的可获得性，本章关于产业的分类暂时只能比较粗略。如果能获得各大产业内部特别是工业部门内部各细分行业的能耗数据，将有助于提高本章研究结果的精确度，并进一步深化本章的相关分析。其次，本章没有考虑区域间及产业间的相互影响，这也可在未来的研究中加以深化。

参考文献

陈诗一：《中国各地区低碳经济转型进程评估》，《经济研究》，2012年第8期。

蒋金荷：《中国碳排放量测算及影响因素分析》，《资源科学》，2011年第33卷第4期。

刘亦文、胡宗义：《中国碳排放效率区域差异性研究——基于三阶段DEA模型和超效率DEA模型的分析》，《山西财经大学学报》，2015年第37卷第2期。

林伯强、刘希颖：《中国城市化阶段的碳排放：影响因素和减排策略》，《经济研究》，2010 年第 8 期。

潘家华、张丽峰：《我国碳生产率区域差异性研究》，《中国工业经济》，2011 年第 5 期。

钱明霞等：《产业部门碳排放波及效应分析》，《中国人口·资源与环境》，2014 年第 24 卷第 12 期。

石敏俊等：《中国各省区碳足迹与碳排放空间转移》，《地理学报》，2012 年第 67 卷第 10 期。

孙建卫等：《1995~2005 年中国碳排放核算及其因素分解研究》，《自然资源学报》，2010 年第 25 卷第 8 期。

涂正革：《中国的碳减排路径与战略选择——基于八大行业部门碳排放量的指数分解分析》，《中国社会科学》，2012 年第 3 期。

王锋等：《中国经济增长中碳强度下降的省区贡献分解》，《经济研究》，2013 年第 8 期。

岳超等：《1995~2007 年我国省区碳排放及碳强度的分析——碳排放与社会发展》，《北京大学学报》，2010 年第 46 卷第 4 期。

曾贤刚、庞含霜：《我国各省区 CO_2 排放状况、趋势及其减排对策》，《中国软科学》（增刊），2009 年第 5 期。

张金灿、仲伟周：《基于随机前沿的我国省域碳排放效率和全要素生产率研究》，《软科学》，2015 年第 29 卷第 6 期。

张友国：《经济发展方式变化对中国碳排放强度的影响》，《经济研究》，2010 年第 4 期。

赵荣钦等：《中国不同产业空间的碳排放强度与碳足迹分析》，《地理学报》，2010 年第 65 卷第 9 期。

周五七等：《中国工业碳排放效率的区域差异研究——基于非参数前沿的实证分析》，《数量经济技术经济研究》，2012 年第 9 期。

朱永彬等：《中国产业结构优化路径与碳排放趋势预测》，《地理科学进展》，2014 年第 33 卷第 12 期。

Ang B. W.，“Decomposition Analysis for Policymaking in Energy：Which is the Preferred Method?”，*Energy Policy*，Vol. 32，2004.

Ang B. W.，“The LMDI Approach to Decomposition Analysis：A Practical Guide”，*Energy Policy*，Vol. 33，2005.

Ang B. W., Liu F. L., Chew E. P., "Perfect Decomposition Techniques in Energy and Environmental Analysis", *Energy Policy*, Vol. 93, 2003.

Xu X. Y., Ang B. W., "Index Decomposition Analysis Applied to CO_2 Emission Studies", *Ecological Economics*, Vol. 93, 2013.

Zhang F. Q., Ang B. W., "Methodological Issues in Cross-country/Region Decomposition of Energy and Environmental Indicators", *Energy Economics*, Vol. 23, 2001.

第八章

跨境河流污染的“边界效应”与减排政策效果研究

一、引言

跨境河流不仅为上下游地区带来了丰沛的资源，同时由于污染的负外部性也带给下游地区相当程度的环境损害，因此“污染我们的邻居”成为国际跨境河流长期难以治理的外部性“顽疾”。

已有研究发现，跨境国际河流下游地区往往更易于受到上游地区排污所造成的环境影响。现有研究还发现各地区的保护主义与跨境水污染密切相关（Stein，2006；Roberts 等，2004；Neumayer，2002；Conca 等，2006；Wolf 等，2005）。由于国家或地区之间缺乏监管、信息通报机制和补偿措施，各地区以其污染物产生量作为已知条件，就其污染物削减量和转移量进行决策时，上游地区都倾向加大对下游地区的污染物转移量，即“搭便车”行为。多数研究还发现，上游通过向下游排污增进自身的福利，而下游则要承受由此带来的治理成本和社会成本（Barret 和 Graddy，2000；Antweller，2001；Copeland 和 Taylor，2004；Prakash 和 Potoski，2006），使其社会福利降低，导致整个流域的“公地悲剧”。Sigman（2002）分析了 49 个国家 291 条河流监测点的生化需氧量（BOD），得出跨国河流污染比国内河流污染更严重。Gray 和 Shadbegian（2004）研究发现，美国和加拿大的边界河流中排放的 BOD 较高且缺乏相应的监管活动。

对于一国或地区内的跨境河流污染问题，各行政区都受到统一的中央政府管制。但由于各行政区权力集中度的不同，地方竞争与保护主义等都可能使跨境河流水质下降。Sigman（2003）指出，美国各州分权能提高水污染监管的严密性。而 List 等（2002）基于美国国家级濒危物种数据，发现权力下放造成的“搭便车”难达到帕累托最优。Sigman（2005）研究了美国 501 个水质监测点的主要污染物指标，发现行政分权会降低下游水质，加大治理成本。胡若隐（2006）指出，中国的行政分割体制和地方保护主义是导致跨境水污染的根本原因。沈大军等（2004）认为，目前区域和流域结合管理模式尚未完善，需要采取超越行政区思维的治理模型。Kahn 等（2013）认为，官员晋升机制的变化有利于缓解边界污染（Matthew 等，2013）。部分学者以博弈论为分析工具，提出微观技术方法（刘文强等，2001；曹国华和蒋丹璐，2009）。环境监管的“属地管理”原则给跨境河流污染治理带来了较大困难。林巍等（1997）针对淮河流域提出排污总量分配公平的准则。

综上所述，国外对于跨境河流污染的研究主要集中于回答或检验国际河流“搭便车”行为的存在性、产生的原因以及治理政策，一国或地区内部河流污染“边界效应”的研究主要围绕跨美国各州的河流污染问题展开。而中国的研究虽然认识到行政分割导致中国跨境水污染的治理困境，但却鲜有从实证的角度证实是否存在河流污染的“边界效应”。另外，中国大多学者都是以某一地区或流域为研究对象，缺乏对全国范围内的跨界河流污染的研究。此外，由于中国行政体制多强调下级对上级的负责机制，这就决定了中央的节能减排问责政策可能会直接影响各地方的减排努力，进而影响到“边界效应”，但国内文献没有对这一政策的作用进行研究。因此，行政边界如何影响河流的环境质量，以及如何协调跨境污染的治理问题是事关区域环境与发展的重大现实问题。

二、制度背景与假说发展

（一）中国主要流域的监测制度

水质监测在中国起步较晚，目前在水质自动监测、移动快速分析等预警预报体系建设方面尚处于探索阶段。为此，1999 年国家环保总局在各大流域及湖泊开始试点建设水质自动监测站点，2005 年开始实行水质自动监测的周报制度，2014 年监测站点达到 131 个，九大水系共有 103 个。

环保部环境监测总站对国控地表水质自动监测站实行统一管理[①]，地方环境监测中心（站）主要负责对省级及以下监测站点进行管理和维护，并协助总站对辖区内的水站进行监督管理。中国水环境监测经过 20 多年的发展，已形成以国控监测站为主体的监测水环境体系，特别是针对中国十大水系的监测网络已基本完善。但总体上仍然存在监测站点较少、分布较为分散、报送时间过长等问题，与发达国家相比仍然存在较大的差距。主要流域监测站点设置的一个重要原则是是否位于行政区域的交界断面，包括入境断面[②]、出境断面[③]及行政区内的削减断面[④]。显然，河流监测站点的设置充分考虑了行政区域的边界问题，这也为本章提供了“天然”的试验数据，很好地捕捉了水系上下游可能存在的行政边界的“搭便车”行为。

（二）地方政府竞争、环保属地监管与跨境污染

自 1994 年实行分税制改革以来，在政治和经济双重激励机制下，地方政府主要围绕财政收入和经济增长（特别是工业的增长）展开了各种形式的明里和暗里的竞争。竞争不外乎在两个层面展开：要么采取制度创新和技术创新，要么依赖环境资源“靠山吃山，靠水吃水”。对于大部分后发地区而言，显然后者更为见效快、费时少，短期效应更为明显。Cumberland（1979）很早就注意到，地方竞争可能会以牺牲地方的环境为代价。Breton（1996）也认为，地方竞争可能会导致对资源环境的“逐底竞争”，其不合作的博弈行为也会导致当地生态环境的恶化。地方政府为了取得短期竞争优势，竞相在资源供给[⑤]和环境标准上降低价格或门槛（杨海生和陈少凌，2008），甚至诱导企业过度利用水资源（或其他资源），并超标排放污染物。另外，中央政府依据经济增长对地方官员的政绩表现进行排名，然后根据排名决定官员的晋升。这种经济 GDP 增长率至上的晋升制度不仅不利于环

① 详见原环保总局环办［2001］100 号文件。环保部对国务院负责，其数据相比于地方更具独立性和客观性。

② 反映水系进入某行政区时的水质状况，应设置在水系进入下一行政区且尚未受到下一行政区污染源影响处。

③ 反映水系进入下一行政区前的水质状况，应设置在本区域最后的污染排放口下游，污水与河水混合均匀并尽可能地靠近水系出境处。

④ 行政区域内，河流有足够的长度，反映河流对污染物的稀释净化作用，应设置在控制断面的下游。

⑤ 如以低价甚至免费形式提供用水、用电、用气、矿产资源等。

保法规的执行，而且会导致水资源过度污染。

由于各地经济发展主要依靠工业，多数工业企业依水而建，这样有利于采集水资源和排放污染物，同时由于技术落后等原因，导致水资源利用效率不高、污染物净化程度不足；但是，由于缺乏监督激励机制，地方官员只追求工业 GDP 的增长，环境绩效对官员晋升影响甚微，“经济人”原理使得地方官员放任甚至鼓励上述污染行为。在行政边界处，由于污染只对下游的行政区产生负面影响，却能给本行政区带来经济效益，因此在边界处，“搭便车”的心理诱使跨界河流污染问题的产生。

对于上述竞争格局和晋升考核制度产生的跨界河流污染问题，地方政府都没有足够的动力去治理，原因在于这种治理措施短期之内难以发挥作用，且治理收益不会全部集中在本辖区之内，而会外溢到邻近区域，相对而言经济收益不明显。在以 GDP 增长为导向的地方政绩考核格局中，相对于经济效益，环境生态效益在其中的权重要小得多。这样，流域内每一级地方政府都没有足够的动力治理上述“搭便车”行为，即希望流域内其他地方政府会治理河流污染，而自己却“坐享其成”。博弈的结果是全流域的地方政府都不可能加大力度去治理跨境污染。

此外，当前中国环保系统采取的是“属地管理，分级负责”的原则，这对于强化地方环境保护部门在本辖区环境监管的权利和责任具有明确的指导意义。但是，属地管理原则对于流域性、区域性环境问题则无能为力，而这些问题不会因为人为的行政区划而消失。另外，中国的环保部门在人事、工资上无法摆脱地方政府的掣肘，这往往又导致了环保部门并没有独立的执法权限。因此，往往采取有限监管的模式，对于河流污染，只要本辖区水质达标即可；而对于过境污染则希望尽快地流入其他行政区。因此，行政区边界的环境监管成为环保执法的“真空地带”和污染的“重灾区”。至此，我们提出本章研究的第一个研究假说：

假说 1：跨区河流在行政边界的污染程度要显著高于行政区内部。

（三）新环境政策与考核晋升机制

为了控制上述问题，中央政府正在尝试改变以往的单纯以经济增长为考核目标的地方激励办法。新办法更多地从地方政府的官员目标考核上入手，加强对地方官员的问责，并把目标完成情况与地方官员的晋升直接联系起来。地方官员的晋升不仅以当地的增长绩效（特别是工业的增长）为依据，也会参照环境政策，特别是节能减排的目标约束，这在一定程度上改变了传统的官员竞争和晋升的“游戏规则”，在一定程度上会抑制“唯GDP”的冲动，从而逐步弱化河流污染的“边界效应”。

新政策的变化，主要分为三个基本阶段：第一阶段是以2005年松花江污染事件为契机，于2006年初下发的《国家突发环境事件应急预案》①，规定属于跨区、超出当地处理能力且需要协调处理的突发环境事件，地方政府应当及时公开或通报和妥善处理。预案虽未特别强调地方政府所承担的责任，但很明显，属地如果发生严重的突发环境事件，将会对当地政府官员的晋升仕途产生负面影响。

第二阶段是2006年实施的《国民经济和社会发展第十一个五年规划纲要》②，在社会经济发展的主要目标中首次明确提出要把主要污染物排放总量减少10%③（其中水污染的指标之一COD被列入约束性指标中），节能减排成为“十一五”期间最为突出的环保新政策，COD被明确纳入政策指标对于本区内水污染排放以及跨行政区的水污染问题都具有一定的约束作用。“十二五”继续沿用这些政策，并添加了部分考核指标，把COD和氨氮一同纳入政策指标中，以辖区水质断面的这两种指标值作为考核地方政府官员的重要标准。这些具有法律效力的约束指标对地方政府的传统发展思路可能具有更强的冲击力，如果不能完成将直接封堵地方官员的晋升通道。为了完成约束性目标，地方政府会运用各种方式，至少在短期之内要改变经济和污染双重增长的格局。因此，我们认为这一政策动向对节能减排指标具有明显的激励作用，对本章的跨境河流污染指标也同样会起到积极作用④。“十二五”规划同样延伸了上述目标约束。故我们提出本章的第二个假说：

---

① http：//www.gov.cn/yjgl/2006-01/24/content_ 170449.htm。

② http：//www.gov.cn/ztzl/2006-03/16/content_ 228841_ 2.htm。

③ 约束性指标是指在预期基础上进一步明确并强化政府责任的指标，政府通过合理配置公共资源和有效运用行政力量确保指标的实现。并且规定约束性指标，具有法律效力，要纳入各地区、各部门经济社会发展综合评价和绩效考核。其中单位国内生产总值能源消耗降低、主要污染物排放总量减少等指标要分解落实到各省、区、市。

④ 节能减排政策会使排放到流域的污染物减少，即水质断面监测点的污染指标值减少。如果政策出台前，边界点平均污染程度比非边界点高，政策出台后，检验结果显示边界点和非边界点的平均污染程度都有所降低且二者差距缩小，则可以说明减排政策不仅能控制监测点的污染指标值，而且相比于非边界点而言，能更大程度地改善边界点的污染水平，表明污染的“跨界效应”有所减缓。

假说 2：五年规划污染排放约束性指标的设立能够改善跨界河流污染的“边界效应”。

第三阶段是新一届政府环境保护及科学发展的新理念所带来的新的政策变化。由于近期频繁发生的大范围的空气污染事件，也促使新一任政府制定了更为严格的环境政策和法规。2014 年 4 月 24 日，新修订的《环保法》成为近期环境政策的新亮点。新法特别强调了“地方各级人民政府应当对行政区域内的环境质量负责”，若相关部门监管不力而造成严重后果的，地方各级人民政府、县级以上环保主管部门和其他负有监管职责的主要负责人应当引咎辞职①。但是由于本章的样本并未延至新《环保法》修订和实施的阶段，这一新变化无法反映在研究中②。

三、研究设计

（一）样本选择

我们从环保部收集了 2004~2013 年国控九大水系③监测站点的水污染自动监测周频次数据。主要水系重点断面水质自动监测站共监测八项指标，包括 pH、溶解氧（DO）、化学需氧量（COD）、氨氮（NH_3-N）、电导率、浊度、水温及高锰酸盐指数，但环保部公开的数据只有前四项④，我们以此四项污染指标为依据进行数据处理。由于早期监测站点少，一些内陆河流及主要湖泊没有纳入监测范围，且湖泊多处于省界以内，布置的监测点较少，数据缺失严重，故本章将其排除在外。根据国控监测站点的管理制度，这些站点的日常管理和水环境数据采集、发布等都是由环保部汇总统一每周发布，监测站点所在行政区环保部门只是有义务协助站点的管理，可见站点是不受地方政府干预的，因此保证了数据采集和发布的独立性和数据质量。由于每年监测站点的数量差异，同时可能由于监测站点设备故障和河流季节性断流等原因，造成了数据在时间和站点上的缺失；另外，周报

---

① 新《环保法》：八种行为地方领导人应引咎辞职，http：//legal. gmw. cn/2014－04/30/content_ 11179558. htm。

② 新《环保法》将于 2015 年 1 月 1 日起执行。

③ 主要包括松花江、辽河、海河、淮河、黄河、长江、珠江、钱塘江、闽江九大水系。

④ 具体监测数据详见 http：//datacenter. mep. gov. cn/report/getCountGraph. do？ type = runQian-Water。

数据也存在一些写入的错误，我们尽可能地根据各监测子站的数据进行了核对和校正。最后形成了关于四个水质指标的非平衡面板数据。数据基本概况及描述性统计如表 8-1 所示。

表 8-1　监测指标的描述性统计

年份	pH	DO（mg/l）	COD（mg/l）	NH_3-N（mg/l）	监测点（个）	边界监测（个）	非边界监测（个）
2004	7.6552	7.1698	7.1451	1.4609	63	23	40
2005	7.6427	7.2696	8.1536	1.3428	70	28	42
2006	7.6384	7.3648	6.9541	1.3049	71	29	42
2007	7.7088	7.2771	6.5242	1.3975	87	45	42
2008	7.7917	7.5042	6.3197	1.3955	87	45	42
2009	7.7658	7.6201	5.1689	1.2089	87	45	42
2010	7.7405	7.6718	4.7266	1.0140	87	41	46
2011	7.8241	7.9568	4.7621	0.8849	100	52	48
2012	7.7032	8.061	4.3215	0.6675	103	57	46
2013	7.6538	7.9520	4.1776	0.6811	102	61	41
样本数量	41697	41370	41594	41496			
最小值	0.25	0.00	0.10	0.01			
最大值	9.65	93.20	534.00	92.60			
平均值	7.7165	7.6391	5.6442	1.0977			
标准差	0.5228	2.8300	12.7279	2.9901			

由表 8-1 可见，纳入分析的监测站点的数量逐年增加，目前大致稳定在 100 个以上；同时，边界监测点的数量基本上是逐年增加的，表明政府对跨界污染的重视程度加大。与其他类似研究把样本局限于某一流域或以年为周期的样本来说，本章研究对象的地理分布较为广泛，数据更为具体详尽，将有利于研究结论在一般性上得以拓展。从年均值易见，四项水质指标均呈现一定程度的改善倾向，COD 指标下降最为明显，表明主要水系水质有相当程度的提高。另外，从图 8-1 可以看出，省界污染水平明显高于非省界的污染水平。

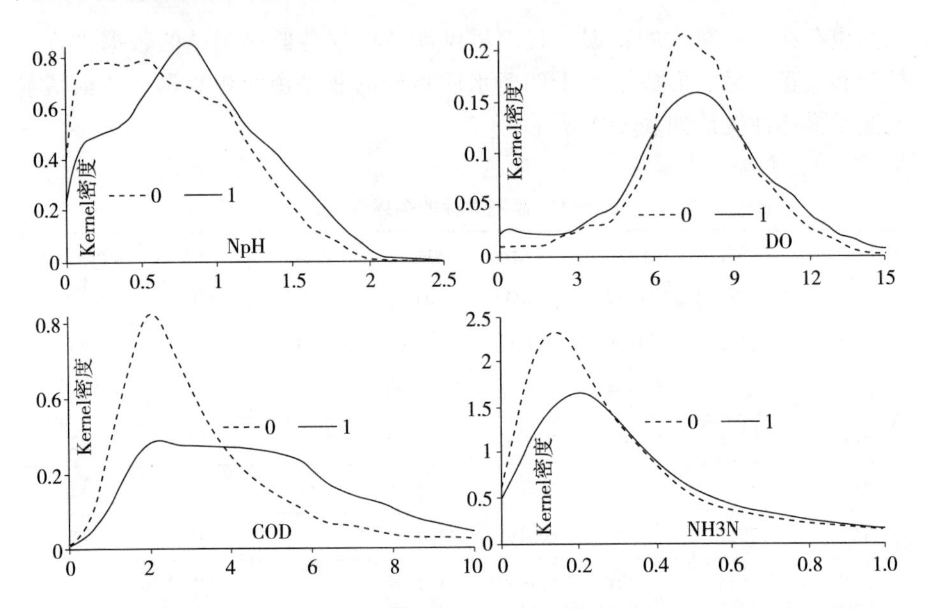

图 8-1　NpH、DO、COD 和 NH_3-N 四项水质指标省界和非省界对比 Kernel 分布图

注：图中实线和虚线分别表示省界和非省界监测点的指标分布。

（二）变量定义与模型设定

根据研究思路，四个重点断面水质指标是我们的重要被解释变量，而监测点是否位于省界上是我们考虑的关键解释变量。按一般研究设计路径，检验方程可设置成如下形式：

$$P_{it} = \beta_0 + \beta_1 bound_i + \beta_i Z + \varepsilon_{it} \tag{8-1}$$

其中，P_{it}表示九大水系重点断面四项水质监测指标；$bound_i$指监测点是否位于省界上的两值指示性指标（1 在省界，0 为其他）；Z 表示影响 P_{it}的其他控制性变量，如河流的长度、所在区域的工业化程度、人均收入水平、水系的地理位置、季节因素、行政官员的晋升压力等。我们感兴趣的是 β_1的大小与变化，如果 β_1 显著为正，表明能够证明存在明显的河流污染的“边界效应”。

对于监测点是否设定于省界上，是政府为了监测水质、解决跨境水污染事故纠纷等做出的有选择性的行为，且监测点一旦设立不会根据时间的变化或所在行政区发展模式（影响水质变化）的改变而取消，这就保证了监测数据的独立性。如果不存在"边界效应"，监测点位于省界和省内产生的效果可能都是相同的。但是，对式（8-1）的估计使用传统的 OLS 法面临着一个主要问题：缺失数据，即一个监测点一旦位于省界上，它就不可能再位于其他地方，这一问题会导致 OLS 估计产生偏差。接下来我们使用匹配法进一步检验河流污染的"边界效应"。由于本章的协变量 X 较少，且样本容量大，因此采用最邻近匹配法（NNM）来对核心解释变量 bound 进行匹配。

最邻近匹配法是根据影响结果的一组变量 X 来寻找控制组和处理组距离最小的一组相似监测点，来作为"反事实"匹配和分析的依据。NNM 法计算距离通常有三种办法：马氏距离（Mahalanobis）、逆方差（Inverse Variance）和欧氏距离（Euclidean），我们这里使用马氏距离进行匹配。其主要基于这样一种思路：对于 $i \in \{D_{it}=1\}$ 与 $j \in \{D_{it}=0\}$，i 与 j 的距离 d_{ij} 为 $\sqrt{(x_i - x_j)'S^{-1}(x_i - x_j)}$。其中，$x_i$ 和 x_j 分别为 i 与 j 的匹配变量，S 为控制组各匹配变量的协方差矩阵。对于处理组观测值 i，只有那些具有最小距离值 d_{ij} 的一个或多个控制组被选择作为新的控制组①。因此，进行马氏距离的匹配时必须首先选择合适的匹配变量，即寻找影响水质的四项指标的因素作为匹配的基础。我们初步将配对比例确定为 1：5。由于水质监测是周报数据，无法找到和监测点相关的宏观经济和环境数据，我们退而使用监测点所在省份的季度宏观数据以及季节和河流等不随时间变化的因素来匹配。①季节因素：季节变化导致河流处于丰水期—枯水期更替变化，夏季降水丰沛，会很大程度上稀释污染的浓度，而冬春季节则相反。这里以春季为基准，夏秋冬分别设置三个虚拟变量（s2～s4）。②年份因素：随着时间的推移，政府加大了环境保护力度，污染程度有减缓的趋势，所以我们以 2004 年为基准，设置了九个虚拟变量（y2～y10）。③河流的长度（lnlong）：河流越长对污染物的稀释程度越强，污染也越弱，且河流的长度是个外生变量，使用时取河流长度的对数。④所在区域的产业结构（ind）：我们使用所在省份的工业化程度作为一个重要的匹配变量，工业化程度越高越会加重河流的污染程度。为了更恰当地展示所在区域产业结构的影响，不同于其他文献，这里我们使用了所在省份的季度数据。⑤所在区域的收入水平：根据一般 EKC 理论，它会弱化污染程度，提高水质。与工业化程度相同，这里同样使用所在省份的季度人均 GDP 来作为一个重要的控制变量，并以

① 处理组与控制组的数量即是表 8-1 中的边界监测点与非边界监测点的个数。

2004年四个季度为基准转换成不变价的数据。⑥所在省区行政官员的竞争和晋升压力。所在区域官员的竞争与晋升压力主要来源于所在地区的经济增长绩效，特别是工业的增长，并进而传导至对流经河流的水质影响。根据其他文献的研究，官员的年龄在地方官员的晋升压力中扮演着重要的角色（王贤彬等，2011），越年轻的官员其晋升的冲动越强，带给当地更快的工业增长速率，由此可能造成水环境的下降①。但随着环境政策的强化，特别是节能减排"一票否决"的实施，也会减缓官员晋升冲动带给环境的负面影响。这里我们采用所在地区省长的年龄（age）表示②。此外，有研究表明，官员的专业禀赋也会影响当地民生（张尔升，2012），文科官员更加重视民生和科技文卫，对GDP的崇拜也要小一些，故本章也引入文理科的专业背景（major=1为文科，0为其他）作为控制变量。

在上述模型基础上，为了验证假设2，我们采用双重差分法（DID）来检验政策变化的效应。为了与边界效应的做法保持一致，政策变化前后的省界和非省界监测点均采用了马氏距离匹配办法。

四、河流污染"边界效应"检验

（一）OLS估计结果

表8-2展示了NpH、DO、COD和NH_3-N四项污染指标变量与边界变量及相关控制变量的OLS回归结果。估计中为了纠正可能存在的异方差，使用了Huber-White Sandwich方法估计标准误差。回归分四步进行，首先对四项指标和边界变量bound进行回归，从表8-2中可以看出，除DO外，其他三项污染指标的回归结果在1%的置信水平下都是显著的，边界观测值的污染水平明显高于非边界观测值。随后我们的回归依次加入了河流长度、工业化水平、人均收入、省长年龄和专业、季节变量、年度效应、支流干流以及南北方河流虚拟变量，结果显示，引入更多的控制变量并没有影响其回归结果的显著性和方向，回归结果初步证明了假设1，即存在一定程度

① 年龄的影响在1982年强制退休制度引入后变得尤为明显，一般干部45岁如果没有晋升，则晋升的希望会变得很低，而省级官员65岁则要强制退休。

② 之所以采用省长（或自治区政府主席）的年龄而未考虑省会书记的年龄，在省长和省委书记层面，都存在着以经济增长为核心的相对绩效考核机制。同时，这种机制的强度在两者之间具有差异，在省长层面显得更加重要，而在省委书记层面则相对较弱。

的“边界效应”(虽然 DO 的回归系数变化不太稳定，但可以看出其存在着积极的“边界效应”)。COD 逐年下降，这与这一时期明确的节能减排政策约束有直接的关系，我们会在下文专门讨论政策对“边界效应”的影响。值得注意的是，用来控制官员晋升压力的省长年龄确实表现出非常显著的效应，即越年轻的官员越容易关注增长的绩效而忽视水环境的污染问题。官员的专业背景回归符号与预期相符，即文科背景的官员更倾向于控制水污染问题（虽然仅有 COD 表现出一定的显著度）。

表 8-2 跨界污染的 OLS 估计结果

	1				2			
	NpH	DO	COD	NH_3-N	NpH	DO	COD	NH_3-N
bound	0.1532***	-0.0142	4.1819***	0.8803***	0.1626***	0.1086***	3.8555***	0.7241***
lnlong					-0.0157***	0.0531***	-0.4926***	-0.2822***
样本数	41697	41370	41594	41496	41697	41370	41594	41496
	3				4			
	NpH	DO	COD	NH_3-N	NpH	DO	COD	NH_3-N
bound	0.1686***	0.1125**	4.1622***	0.8011**	0.1305***	0.1462**	2.6926***	0.4340***
lnlong	-0.0123***	0.1020***	-0.5657***	-0.3344***	0.0074***	0.2382***	-0.0522	-0.1966***
ind	0.0017***	-0.0187***	0.0686***	0.0082***	0.0022***	-0.0168***	0.0526***	0.0344***
lnpy	-0.0255***	0.5931***	-0.2033	-0.6712***	-0.0043	0.6676**	-1.0289***	-0.8721***
age	-0.0021***	0.0011***	-0.0044***	-0.0052***	-0.0028***	0.0015*	-0.0042***	-0.0048***
major	-0.0012	0.0013	-0.0008*	-0.0023	0.0021	0.0121	-0.0422*	-0.0032
年度效应	已控制	已控制	已控制	已控制	已控制	已控制	已控制	已控制
季节效应	已控制	已控制	已控制	已控制	已控制	已控制	已控制	已控制
zl					0.0655***	0.5277***	1.6208***	0.4427***
ns					0.1183***	-0.238***	4.4939***	1.1044***
样本数	41697	41370	41594	41496	41697	41370	41594	41496
R^2	0.0591	0.1213	0.0674	0.0832	0.0732	0.1149	0.0818	0.1217

注：***、** 和 * 分别表示 1%、5%和 10%的显著性水平，下同；年度效应和季节效应虚拟变量，分别以 2004 年为基准年和第一季度为基准。

（二）NNM 估计结果

由表 8-3 可以看出，加入各种组合的匹配变量，NpH 的平均处理效应（ATE）较为显著，边界点的 NpH 均值比非边界点高出 0.11，即存在 16%的“边界效应”。同样地，NH_3-N 的平均处理效应为 0.674，即边界点的 NH_3-N 均值比非边界点高出 91.64%。对 DO 进行匹配后，发现在加入季节和年份变量后，平均处理效应才表现出统计显著，表明 DO 指标 NNM 结果的不稳健。COD 平均处理效应达到了 4.1342，说明边界监测点的 COD 均值比非边界的值高出 105.346%。考虑匹配变量组合的变化也没有影响到我们的基本结论。综上所述，除了 DO 指标，其他三项指标经过匹配后的平均处理效果的 Z 检验值均在 1%的水平下显著，结果与 OLS 方法得出的结果完全一致，边界点的污染水平仍然高于非边界点，表明中国的河流污染确实存在“边界效应”问题。

表 8-3　NNM 的平均处理效应（ATE）估计结果

匹配变量	NpH	DO	COD	NH_3-N
lnlong	0.0943***	-0.0693	3.5572***	0.6505***
Z 检验值	4.4400	-0.6100	18.8100	7.2000
lnlong Ind lnpy	0.1060***	-0.0339	4.1624***	0.6787***
Z 检验值	23.0200	-1.2300	34.4800	20.0000
lnlong Ind lnpy age major 季节	0.0995***	0.0663*	4.8327***	0.6419***
Z 检验值	21.6303	1.6482	28.7429	16.2802
lnlong Ind lnpy age major 季节	0.1102***	0.1610	4.1342***	0.6738***
Z 检验值	26.3400	1.4504	32.7254	25.4372

（三）拓展性 NNM 检验

本部分内容主要基于由最邻近匹配方法得出的中国河流存在跨界污染现象的结论进行稳健性检验。我们采用河流长度对数（lnlong）、工业化程度（ind）、人均 GDP 对数（lnpy）、官员年龄（age）、专业背景（major）、季节虚拟变量作为匹配变量，考虑如下情形：第一，不同年份的 ATE 是否发生改变；第二，南北方河流 ATE 的差异；第三，支流与干流 ATE 的差异。

我们首先排除年份虚拟变量的影响，选取有代表性的三年的结果列示于表 8-4，NpH、COD 和 NH_3-N 三个指标存在显著的“边界效应”。

南北方河流自身水文状况不同导致了污染指标值的差异。北方较南方河流少、水量小、雨季短，影响到南北方河流的指标值差异。从表 8-4 可以看到，北方河流的四个指标值系数都为正，且 Z 检验结果均显著，说明北方河流（包括松花江、辽河、海河、淮河、黄河）存在“跨界污染效应”，不过，南方河流（包括长江、珠江、钱塘江、闽江）的 COD 和 NH_3-N的 ATE 系数虽然较为一致，但未通过检验，表明南方河流总体上边界效应并不明显①。

由于支流水量少、流速低、长度短，更容易受到污染，因此我们有必要区分支流和干流的影响。稳健性检验得到的结果依然非常显著，且支流的四个污染指标的 ATE 远高于干流。

表 8-4　最邻近匹配平均处理效应（ATE）估计：南北方河流和支流干流

	NpH	DO	COD	NH_3-N
2004 年	-0. 0311 **	0. 6810 ***	2. 6844 ***	-0. 5999 ***
2006 年	0. 1786 ***	-0. 1018	2. 9279 ***	0. 4654 ***
2010 年	0. 0242 ***	0. 1119	2. 6292 ***	0. 6561 ***
2013 年	0. 2211 ***	0. 0789 ***	0. 7502 ***	0. 1479 ***
南方	0. 1078 ***	0. 7749 ***	-0. 4139	-0. 2119
北方	0. 0811 ***	0. 1984 ***	3. 5337 ***	0. 3044 ***
干流	0. 0245 ***	0. 2033 ***	0. 6422 ***	0. 1422 ***
支流	0. 1639 ***	0. 4989 ***	3. 9390 ***	0. 2599 **

① 另一个原因在于南方水系的监测点设置也较北方河流少得多，比如 103 个国控监测点中，南方水系仅为 31 个，这也在另一层面上影响了对比的估计结果。

五、减排政策约束与“边界效应”

（一）节能减排政策对河流“边界效应”的影响

为了探讨“十一五”和“十二五”的减排政策对缓解跨界河流污染“边界效应”的作用效果，我们把样本分为两段来考察节能减排政策对跨界河流“边界效应”的冲击作用。对地方政府考核和官员晋升影响最大的莫过于2006年初实施的“十一五”规划中首次明确把主要污染物排放下降10%作为约束性目标，而对水质的考查主要涉及COD指标；2011年初，“十二五”规划涉及的水质污染指标COD和氨氮分别要下降8%和10%。为了检验政策的冲击作用，我们首先以2006年初为时间点，来考察实施环境目标约束政策对边界效应的影响。这里使用的双重差分方法仍然延续马氏距离匹配2006年前后两个时段的处理效应，匹配变量除了把年份虚拟变量排除外，其他与前文相同，即河流长度对数（lnlong）、工业化程度（ind）、人均地区生产总值（lnpy）、官员年龄（age）和专业以及季节虚拟变量s2~s4。

表8-5报告了四种水质指标双重差分检验结果。从中至少我们能够得到两种基本的判断：一是NpH值、DO和NH_3-N指标并没有得到我们预期的改善迹象，特别是NpH值和NH_3-N指标反而呈现更为恶化的趋势，即“十一五”及“十二五”前三年NpH值和NH_3-N指标的边界效应分别比2006年前增长了0.050 mg/l和0.386mg/l，且在10%显著性水平下都通过了检验。二是COD浓度表现出与预期相一致的改善势头，“边界效应”下降非常明显，下降约为5.815mg/l，且在1%的统计水平下显著。一个有力的解释是，“十一五”期间仅把COD纳入水环境的约束性指标中，其他水质指标仅为非强制性完成指标。各地方政府为了完成COD的削减目标，会运用各种经济、行政等手段力争完成节能减排的目标，这也使得只有COD的估计结果呈现“边界效应”的改善，而其他水质指标则相反或表现不明显，从而验证了假说2。

表 8-5　“十一五”及“十二五”前三年减排政策对“边界效应”的双重差分检验结果

	政策出台前			政策出台后			
检验变量	控制组	处理组	差距	控制组	处理组	差距	双重差
NpH	0.785	0.929	0.144	0.818	1.012	0.194	0.050
标准误	0.042	0.05	0.013	0.049	0.051	0.009	0.014
Z 检验值	18.6905	18.5800	11.0769	16.6939	19.8431	21.5556	3.5714***
P>z	0	0	0	0	0	0	0.004
DO	2.382	2.572	0.190	2.582	2.731	0.149	-0.041
标准误	0.254	0.277	0.083	0.227	0.236	0.042	0.084
Z 检验值	9.3780	9.2852	2.2892	11.3744	11.5720	3.5476	-0.4881
P>z	0	0	0.003	0	0	0	0.626
COD	18.621	27.259	8.638	17.702	20.525	2.823	-5.815
标准误	1.121	1.216	1.231	1.129	1.215	0.128	1.266
Z 检验值	16.6111	22.4169	7.0171	15.6794	16.8930	22.0547	-4.5932***
P>z	0	0	0	0	0	0	0
NH_3-N	10.62	11.195	0.575	10.258	11.219	0.961	0.386
标准误	0.338	0.359	0.211	0.369	0.393	0.068	0.139
Z 检验值	31.4201	31.1838	2.7251	27.7995	28.5471	14.1324	2.7770***
P>Z	0	0	0	0	0	0	0.005

虽然“十一五”节能减排政策仅把 COD 作为约束性指标，但 2011 年初“十二五”规划明确了同时把 COD 和氨氮（NH_3-N）都作为约束性减排指标，所以这里把“十二五”政策变化作为另行检验 NH_3-N“边界效应”演化的重要依据。通过表 8-6 的结果可以发现，由于“十二五”规划把 NH_3-N纳入考核指标，双重差分结果与表 8-5 相比呈现戏剧性的变化：“十二五”前三年氨氮的“边界效应”比政策实施前平均下降了 0.376mg/l，且统计非常显著。减排政策对河流污染“边界效应”的改善效果似乎只与政

策所含约束性指标有关，由于非约束性指标的改善程度不会直接和地方政府的考核与官员晋升挂钩，这也就造成了其在生态环境的治理中的重要程度远远不如约束性指标。

表 8-6 “十二五”前三年减排政策对 NH_3-N “边界效应”的双重差分检验结果

	政策出台前			政策出台后			
检验变量	控制组	处理组	差距	控制组	处理组	差距	双重差
NH_3-N	9. 452	10. 343	0. 891	9. 206	9. 721	0. 515	-0. 376
标准误	0. 256	0. 276	0. 075	0. 268	0. 295	0. 078	0. 086
Z 检验值	36. 9219	37. 4746	11. 8800	34. 3507	32. 9525	6. 6026	-4. 3721 ***
P>Z	0	0	0	0	0	0	0

（二）稳健性检验

虽然整体上能够很好地证明新环境政策确实较好地缓解了行政边界污染的“搭便车”问题，但是还需更为谨慎地考虑其他可能对结论产生影响的问题，如南北方的河流由于地理因素是否会改变上述结论？干支流对政策的反映强度如何？以及政策执行的进度是否影响研究的结论？就上述三个层面，都需要做进一步的检验。

表 8-7 结果显示了南北方河流、干流和支流对“十一五”节能减排政策所引起的“边界效应”的不同反映。可以发现，南北方河流与干支流对政策的反响在 NpH、DO 和 NH_3-N 三项指标上均有所不同，甚至表现相反，减排政策对其并没有表现出应有的“边界效应”改善趋势。但“十一五”减排方案却对 COD 的“边界效应”表现出十分一致的改善趋势，即不论其是南方还是北方河流、干流还是支流均呈现明显的“边界效应”的下降和改善势头，这和节能减排目标把 COD 纳入考核指标有直接的关联；其中，北方河流比南方河流改善得更为明显，说明北方河流“边界效应”更为严重的同时，治理效果也更为突出。与此相类似的是，支流的“边界效应”改善效果也好于干流。COD“边界效应”的政策效果与表 8-5 的结论完全一致，即纳入地方考核的水质指标的“边界效应”确实由于政府环境政策的冲击而大为改善，相反，那些未能纳入约束性目标的考核指标的“边界

效应”表现得差异较大，甚至相反。

表 8-7 最后一行是 NH_3-N 以“十二五”规划为政策执行年的结果。可以发现，不论是干流支流、南方北方河流均呈现出非常明显的“边界效应”的减缓，这与“十一五”的政策结果大为不同，也与整体的检验结果相一致（见表 8-6）；同时，北方河流、支流的“边界效应”改善程度明显大于南方河流和干流。综上可见，只有纳入环境政策目标考核的约束性减排指标才会由于政策效应表现出明显的“边界效应”的改善趋势，而没有纳入考核体系的指标则表现出相当的不确定性。

表 8-7　南北方干支流河流“边界效应”的双重差分结果

检验变量	南方河流	北方河流	干流	支流
NpH	0.062	-0.028	0.034	0.020
Z 检验值	3.1103***	-1.2762	2.43**	0.691
DO	0.146	-0.293	-0.644	0.609
Z 检验值	1.37	-2.4922**	-7.6431***	5.8424***
COD	-0.387	-8.8310	-4.654	-8.211
Z 检验值	-6.3521***	-6.9210***	-3.6239***	-5.1238***
NH_3-N	0.229	0.056	-0.117	0.544
Z 检验值	5.2953***	0.45	-2.2465**	2.1484**
NH_3-N	-0.112	-0.483	-0.322	-0.528
Z 检验值	-9.1722	-5.1940***	-6.632***	-5.8553***

注：政策执行前后的控制组、处理组及相应的差距结果省略，可另行提供。NH_3-N 的结果是以 2011 年为政策执行年，其他均以 2006 年为政策执行年。

五年规划的节能减排政策的实施往往是“前松后紧”①，据此可以推测五年规划越到后期减排的效果越好，以及由此造成的河流“边界效应”问

① 2010 年“十一五”末期，有的地方为了突击完成节能减排的任务，不惜采用拉闸限电等极端方式，事实上这也违背了节能减排政策的初衷。所以，“十二五”规划实施过程中，国务院在下发的《工作方案》时明确提出，坚决防止出现节能减排工作前松后紧的问题，并特别强调了“问责制”，即把节能减排的完成情况与领导干部的综合考核评价挂钩，且实行滚动考核机制，每季度以及每年通报各地的完成情况。

题将得到更大程度的缓解。由于两个五年规划仅把 COD 和 NH_3-N 纳入约束性考核目标，所以检验排除其他指标，仅以这两项检验观察政策执行的时间效果。

表 8-8 的检验结果清楚地表明了节能减排政策对“边界效应”的影响也存在效果的“前松后紧”问题。对 COD 而言，2006 年是政策执行的第一年，各地往往抱有观望的心态执行，这一年 COD 的边界效应虽有所下降，但下降的程度相对较低，且统计不显著。第二至第四年的下降幅度较大，呈稳步改善之势，年均边界效应改善幅度约为 5mg/l；而最后一年（2010 年）是政策执行的最后一年，也是考核整个五年规划的最后期限，可以发现 COD 的边界效应有跳跃性的下降趋势，这与各地突击完成目标的心理高度一致。“十二五”前三年对 COD 和 NH_3-N 的考核也基本延续了这一执行过程，“前松后紧”的执行进度没有发生根本的改变。

表 8-8　政策执行进度对“边界效应”影响的双重差分结果

	检验变量	政策实施第一年	政策实施第二年	政策实施第三年	政策实施第四年	政策实施第五年
“十一五”减排政策	COD	-1.846	-5.132	-5.327	-4.944	-6.113
	标准误	1.411	1.225	1.29	1.128	0.958
	Z 检验值	-1.3083	-4.1894***	-4.1295***	-4.3830***	-6.3810***
	P>Z	0.231	0	0	0	0
“十二五”减排政策	COD	-2.449	-3.618	-3.775		
	标准误	0.339	0.295	0.287		
	Z 检验值	-7.2242***	-12.2644***	-13.1533***		
	P>Z	0	0	0		
“十二五”减排政策	NH_3-N	-0.337	-0.719	-0.633		
	标准误	0.092	0.081	0.073		
	Z 检验值	-3.6630***	-8.8765***	-8.6712***		
	P>Z	0	0	0		

注：“十一五”减排政策是以 2006 年为执行年，“十二五”减排政策以 2011 年为执行年，以前后时间为分别对照 NNM 匹配后进行双重差分检验。

另外，为了防止时间序列自相关会提高回归的显著性，我们将数据加总为年度和季度数据，再次使用 OLS、NNM 以及双重差分法进行了稳健性检验，虽然系数大小和显著性程度有所改变，但是系数方向没有变化，显著性也没有大的改变，说明周度数据的结果具有稳健性。

六、研究结论与政策含义

本章以中国地方特有的区域竞争格局为背景，通过国内外文献的梳理和背景的介绍，提出了两个重要的假说：跨境河流行政边界上的污染程度要高于行政区域内部；节能减排政策有利于缓解严重的“边界效应”。以2004~2013 年九大水系国控监测断面周数据为依据，以四类水质指标利用OLS 和最邻近匹配法（NNM）纳入河流自然地理因素、地区工业化程度、地区人均收入、官员晋升压力及时间季节效应等匹配因素后进行了经验检验，进一步利用双重差分法研究了五年规划节能减排政策对“边界效应”的作用，并给出了研究的结论与政策的含义。主要研究结论如下：

第一，文章在使用 OLS 法进行初步回归后，进一步基于马氏距离的最邻近匹配法估计了四个指标的平均处理效应 ATE，除 DO 外，其他指标检验结果都显著，即假说 1 成立。边界点的 NpH 值比非边界点高出 0. 11，COD 指标存在 4. 13mg/l 的“边界效应”，NH_3-N 则存在 0. 67 mg/l 的“边界效应”。得出的结论与 OLS 方法一致：中国确实存在明显的跨界河流污染的“边界效应”。

第二，进一步检验发现，较强的“边界效应”依然突出，但 COD 和 NH_3-N 有缓解的趋势。无论是南北方河流还是干流与支流都发现有明显的行政边界污染问题，不过，北方河流和支流污染的“边界效应”比南方河流和干流更为严重。

第三，文章检验了“十一五”和“十二五”节能减排政策对河流污染“边界效应”的影响，发现只有纳入考核目标的 COD 的“边界效应”下降最为突出，改善了约 5. 815mg/l；“十二五”规划纳入 NH_3-N 后其“边界效应”比“十二五”前戏剧性地缓解了 0. 376mg/l。

第四，稳健性的检验同样发现只有 COD 和 NH_3-N 在南北方河流和干支流都存在“边界效应”的显著缓解，且支流与北方河流的缓解程度显著高于干流和南方河流。此外，研究还发现，政策对“边界效应”的缓解还存在明显的“前松后紧”的政策执行进度“烙印”。

本章的政策启示有：

第一，增加监测点数量，尤其应增加在重要河流的省界、重要支流入河（江）口和入海口、重要湖库湖体及出入湖河流、国界河流及出入境河流处的监测点；加大监测频率，将按周检测改为按日监测，建议环保部将其他四项指标（水温、浊度、电导率、高锰酸钾指数）一并公布，加大信息透明度；增加水质监测指标，提高地表水环境质量标准。以确保能够及时全面地掌握主要流域重点断面水体的水质状况，预警重大水质污染事故，解决跨行政区域的水污染事故纠纷，实现对各大流域水质进行实时连续监测和远程监控。

第二，中央政府应该尝试改变以往的单纯以经济增长为考核目标的地方激励办法，更多地从地方政府的官员目标考核上入手，加强河流监测与地方环境问责的联系，并把目标完成情况与地方官员的晋升直接联系起来。制定更合理的地方考核和官员晋升机制，打破地方“逐底竞争”的短期效应，淡化经济考核，突出环境评价，将以往单纯追求经济增长变为追求经济与环境的协调可持续发展，引入“绿色 GDP”作为核算指标。另外，除COD，也应该把其他水污染指标（如氨氮、化学需氧量、高锰酸钾指数等）纳入行政考核标准。

第三，鼓励区域间对于跨区河流环境问题的合作治理，打破条块分割的管理机制；建立和完善水系的生态补偿机制，在容易发生跨界水污染纠纷的重点流域和省份进行试点，通过生态补偿费、排污权交易、水权交易等市场调节方式使生态环境的外部性内部化；各地区应明确跨界河流污染治理主体之间的分工与衔接，保证治理体系的常规化运作。

本章的研究贡献在于：相对于研究国际河流可能存在的“搭便车”行为，中国特殊的地方竞争格局更容易产生跨境河流的行政边界行为，本章证实了在中国省级区域跨境河流污染的行政边界“搭便车”行为的普遍存在性。利用节能减排考核政策的自然实验，检验了行政问责机制对跨界河流污染的影响，发现只有列入考核指标的 COD 和氨氮对于政策的反应最为明显。

本章的不足之处在于：研究样本仅包括四项污染指标，没有纳入其他更广泛的水质指标；研究中行政边界仅使用了省级边界，未能更细致地从市县级角度分析“边界污染效应”的存在性和影响程度；未能更深入地探讨地方官员的晋升，特别是年龄限制，如 65 岁退休制度对此的影响，亦未能细致地探究不同专业背景的影响，仅笼统地分为文理科；归咎于数据的缺乏，河流污染的匹配变量较少，也可能影响了结论的稳定性。

参考文献

曹国华、蒋丹璐：《流域跨区污染生态补偿机制分析》，《生态经济》，2009 年第 11 期。

胡若隐：《 地方行政分割与流域水污染治理悖论分析》，《环境保护》，2006 年第 6 期。

林巍、郭京菲、傅国伟：《淮河流域省界水质标准的确定》，《中国环境科学》，1997 年第 1 期。

刘文强、翟青、顾树华：《基于水权分配与交易的水管理机制研究——以新疆塔里木河流域为例》，《西北水资源与水工程》，2001 年第 1 期。

沈大军、王浩、蒋云钟：《流域管理机构：国际比较分析及对我国的建议》，《自然资源学》，2004 年第 1 期。

王贤彬、张莉、徐现祥：《辖区经济增长绩效与省长省委书记晋升》，《经济社会体制比较》，2011 年第 1 期。

杨海生、陈少凌：《地方政府竞争与环境政策——来自中国省份数据的证据》，《南方经济》，2008 年第 6 期。

张尔升：《地方官员的专业禀赋与经济增长——以中国省委书记、省长的面板数据为例》，《制度经济学研究》，2012 年第 1 期。

Antweller Werner, Brian R. Copeland and M. Scott, Taylor, “ Is Free Trade Good for the Environment?”, *American Economic Review*, Vol. 91, 2001.

Barrett Scott and Kathryn Graddy, “ Freedom, Growth, and the Environment”, *Environment and Development Economics*, Vol. 5, 2000.

Breton A., “Competitive Governments: An Economic Theory of Politics and Public Finance”, Cambridge: Cambridge University Press, 1996.

Comberland John H., “Interregional Pollution Spillovers and Consistency of Environmental Policy, in H. Siebert et al., Regional Environmental Policy: Economic Issue.”, New York: New York University Press, 1979.

Conca K., F. Wu and C. Mei, “Global Regime Formation or Complex Institution Building? Principled Content of International River Agreements”, *Interna-*

tional Studies Quarterly, Vol. 50, 2006.

Copeland B. R. and M. S. Taylor, "Trade, Growth, and the Environment", *Journal of Economic Literature*, Vol. 42, No. 1, 2004.

Gray W. B. and R. J. Shadbegian, "'Optimal' Pollution Abatement: Whose Benefits Matter and How Much?", *Journal of Environmental Economics and Management*, Vol. 47, 2004.

List J., Erwin Bulte and Jason, Shogren, "'Beggar Thy Neighbor': Testing for Free Riding in State-Level Endangered Species Expenditures", *Public Choice*, Vol. 111, No. (3/4), 2002.

Matthew E. Kahn, Pei Li, and Daxuan Zhao, "Pollution Control Effort at China's River Borders: When Does Free Riding Cease?", Working Paper, 2013.

Neumayer E, "Does Trade Openness Promote Multilateral Environmental Cooperation", *The World Economy*, Vol. 25, 2002.

Prakash A. and M. Potoski, "The Voluntary Environmentalists", London: Cambridge University Press, 2006.

Oberts J. T., B. C. Parks, and A. A. Vásquez, "Who Ratifies Environmental Treaties and Why? Institutionalism, Structuralism and Participation by 192 Nations in 22 Treaties", *Global Environmental Politics*, Vol. 4, No. 3, 2004.

Sigman H., "International Spillovers and Water Quality in Rivers: Do Countries Free Ride", *Economic Review*, Vol. 92, 2002.

Sigman H., "Letting States Do the Dirty Work: State Responsibility for Federal Environmental Regulation", *National Tax Journal*, *National Tax Association*, Vol. 56, No. 1, 2003.

Sigman H., "Transboundary Spillovers and Decentralization of Environmental Policies", *Journal of Environmental Economics and Management*, Vol. 50, No. 1, 2005.

Stein J. V., "The International Law and Politics of Climate Change: Ratification of the United Nations Framework Convention and the KyotoProtocol", *Journal of Conflict Resolution*, Vol. 52, No. 2, 2006.

Wolf A. T., A. Kramer, A. Carius and G. D. Dabelko, "Managing Water Conflict and Cooperation in State of the World", W W Norton & Co Inc Press, 2005.

第九章

中国城乡工业格局变迁与环境污染治理研究

一、引言

最近十几年，中国总体环境质量不断恶化，曾经是碧水净土、寄托乡愁的农村呈现出工业污染加重和蔓延的趋势。2014 年，首次全国土壤污染调查公报显示，我国耕地土壤点位超标率达 19.4%，工矿业活动位列主要原因之首（环保部，2014）。全国地下水水质监测点超过 60%为较差和极差（国土资源部，2016），而北方 17 省地下水较差和极差的水质监测点达到 84.8%（水利部，2016）。农村工业污染已与农业面源（非点源）污染、生活垃圾共同成为农村主要的环境问题（苏扬等，2006；王波等，2016），也成为区域性的环境问题。以大气环境为例，环保部长陈吉宁在 2016 年 2 月 18 日国新办答记者问时提出，京津冀地区存在大量的小、散村镇工业，污染物排放量大，是京津冀地区重污染天气形成的重要原因之一。自环保部实施大气污染防治强化督察[①]以来，分布在城乡接合部、农村地区和边远山区的“散乱污”企业已经成为督察的重点[②]。

自传统乡镇企业时期，农村工业污染就引起学者的关注（姜百臣等，1994；李周等，1999；范剑勇等，1999；吴海峰，2000；郭鹤群等，2013；王岩松等，2014；成德宁等，2014）。中国农村工业污染治理的困境至少来

① http：//www. zhb. gov. cn/gkml/hbb/qt/201704/t20170405_ 409362. htm.

② http：//www. mep. gov. cn/gkml/hbb/qt/201704/t20170428_ 413126. htm.

自三个方面：一是中国环境保护制度对污染治理发挥了一定作用（张晓，1999；曲格平，2010），但由于环境政策在国家政策体系中处于边缘化地位（张世秋，2004），其效果不足以遏制环境质量的逐步恶化。以排污费为例，排污收费实施较早且发挥了一定作用（葛察忠等，2001；Wang Hua 等，2005；郑玉歆等，2005；李永友等，2008；包群等，2013），但由于排污费并不足以弥补污染治理成本，污染治理的效果差强人意。二是计划经济的二元分割，在我国“重城市轻农村”的传统环境管理体制下，农村环境管理相对薄弱和滞后（洪大用，2000；马中等，2009）。环境管制的二元结构容易导致污染产业城乡转移（郑易生，2002；侯伟丽，2004；王学渊等，2012）。三是与城镇工业污染相比，农村工业污染治理的困难来自其空间上的分散性，后者导致了环境管理成本高、企业污染治理无规模经济。改制前，乡镇企业的社区属性决定了其高度分散的分布格局（杜鹰，1995；陶然，1995；谭秋成，1998；周冰等，2006；苗长虹等，2002；赵连阁等，2000）。乡镇企业改制后时期，尽管我国城乡生产要素的流动性大为加强，理论预期企业向大城市、城镇和工业小区集中（杨晓光，2011；郭鹤群等，2013），但实际上，对某些地区的研究显示，企业依然在农村选址，农村工业呈现出以镇村行政区域为主的分布格局（宋伟，2010；王新，2012；祁新华等，2010；李玉红，2015）。

总体来看，学术界对农村工业及环境影响的研究取得了较多成果，但是相比农村工业在国民经济中的地位以及所产生的巨大环境影响，无论是政策干预还是学术研究都显得相对不足。可以看到，农村工业的内涵和外延都发生了变化，城乡分界模糊；我国城镇“去工业化”趋势不减，农村工业化方兴未艾；在城乡工业格局发生了显著变化的情况下，环境污染治理的重心依然在城镇。本章主要解决三个相关的问题，一是城乡划分标准的演化，从而得到当前的城乡划分方法。二是根据城乡划分方法，考察我国城乡工业格局的演变及特征。三是分析我国工业污染治理存在的主要问题。

二、我国城乡界定的演变

我国城乡划分与行政区划密切相关。改革开放之前，我国城乡二元分割，城乡界限泾渭分明。这个时期的城乡划分比较简单。根据我国《宪法》(1982) 和《地方各级人民代表大会和地方各级人民委员会组织法》

(1982)，以及1955年《国务院关于设置市、镇建制的决定》、1963年《中共中央、国务院关于调整市镇建制、缩小城市郊区的指示》，我国属于城镇体系的行政区划有市和镇（较大的市可以设区）。

1955年和1963年的文件分别规定了聚居人口超过2000人和3000人的非县级政府所在地可以建镇。1984年，我国调整了建镇标准，《国务院批转民政部关于调整建镇标准的报告的通知》规定的设镇条件有：

一、凡县级地方国家机关所在地，均应设置镇的建制。

二、总人口在2万以下的乡，乡政府驻地非农业人口超过2000的，可以建镇；总人口在2万以上的乡，乡政府驻地非农业人口占全乡人口10%以上的，也可以建镇。

三、少数民族地区、人口稀少的边远地区、山区和小型工矿区、小港口、风景旅游、边境口岸等地，非农业人口虽不足2000，如确有必要，也可设置镇的建制。

四、凡具备建镇条件的乡，撤乡建镇后，实行镇管村的体制；暂时不具备设镇条件的集镇，应在乡人民政府中配备专人加以管理。

该通知与1955年和1963年文件显著不同的地方在于第二条和第四条，即镇的设立在地域上不再局限于某一非农经济中心，而是包括整个行政区域，所谓的整乡改镇。这样，原来乡政府所辖的村都由镇政府来管理，形成了当前镇管村的局面，从而造成镇一级的行政区域包含大量的农村成分。

对于市的设立标准，1955年文件和1963年文件都把聚居人口超过10万作为建立市的建制主要条件。1986年，我国调整了设市标准。《国务院批转民政部关于调整设市标准和市领导县条件报告的通知》规定：

一、非农业人口（含县属企事业单位聘用的农民合同工、长年临时工，经工商行政管理部门批准登记的有固定经营场所的镇、街、村和农民集资或独资兴办的第二、第三产业从业人员，城镇中等以上学校招收的农村学生，以及驻镇部队等单位的人员，下同）6万以上，年国民生产总值2亿元以上，已成为该地经济中心的镇，可以设置市的建制。少数民族地区和边远地区的重要城镇、重要工矿科研基地、著名风景名胜区、交通枢纽、边境口岸；虽然非农业人口不足6万、年国民生产总值不足2亿元，如确有必要，也可设置市的建制。

二、总人口50万以下的县，县人民政府驻地所在镇的非农业人口10万以上、常住人口中农业人口不超过40%、年国民生产总值3亿元以上，可以设市撤县。设市撤县后，原由县管辖的乡、镇由市管辖。

总人口50万以上的县，县人民政府驻地所在镇的非农业人口一般在12万以上、年国民生产总值4亿元以上，可以设市撤县。

自治州人民政府或地区（盟）行政公署驻地所在镇，非农业人口虽然不足10万、年国民生产总值不足3亿元，如确有必要，也可以设市撤县。

三、市区非农业人口25万以上、年国民生产总值10亿元以上的中等城市（即设区的市），已成为该地区政治、经济和科学、文化中心，并对周围各县有较强的辐射力和吸引力，可实行市领导县的体制。一个市领导多少县，要从实际出发，主要应根据城乡之间的经济联系状况，以及城市经济实力大小决定。

该通知第一条降低了1955年和1963年的设市人口门槛，从10万聚居人口降低到6万。第二条提出了整县改市标准，按照1963年的标准，如果镇人口超过10万，就将镇升为市，这是所谓的切块设市。根据新标准，镇所在的整个县改为市，原属于县的乡、镇由市管辖。这与以前的城乡划分不同，市不再完全是城镇成分。第三条提出了中等城市的市管县，这是对计划经济时期只有大城市才可以领导县这一规定的突破，从而出现了大量的市管县。在此文件颁布之前，我国一般不允许市管县，只有直辖市和较大的市可以领导郊区县，以供应城市所需的蔬菜和副食。如1958年全国有28个市管辖了118个县，平均每市管辖4.21个县（高岩、浦善新，1986）。后来随着县改市、县改区的进行，同时出现了市管市（地级市管县级市），区管乡、镇的情况。市（区）这一行政区划也包括了大面积的农村地区和大量的农村人口（见图9-1）。

总体来看，我国计划时期形成的城乡划分体系与行政区划有紧密的关系，市、镇和区等行政区划基本上代表了城镇体系。20世纪80年代中期开始调整了市镇设置标准之后，行政区划与城乡划分体系逐渐脱轨，原有的市、镇和区等行政区划包含了不同程度的乡村成分，如市管县、镇管村。仅仅根据行政区划已经难以辨别出城乡性质。住房和城乡建设部公布的城镇资料有两个统计口径：一是包括了城乡成分的市域口径，二是建成区口径，以与传统的城镇概念保持可比。统计局也有专门的文件对城乡划分标准做出说明，如以往的六次人口普查，每次都调整新的城乡划分标准，而且越来越复杂。指导第六次人口普查的文件《关于统计上划分城乡的暂行

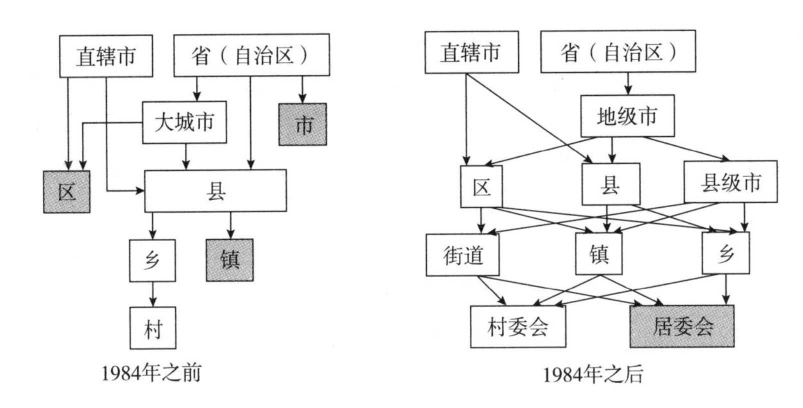

图 9-1　我国行政区划的城乡划分示意图

注：①图中省略了自治州（盟）和自治县。自治县的情况类似于县，自治州（盟）分为县、自治县和市。

②阴影部分代表城镇体系。如果本级行政区划为城镇，就不再进行细分。

③村委会和居委会是基层群众自治组织，街道是市（区）政府派出机构，虽然不是一级行政区划，但实际上有类似行政区划的性质。

规定》对城镇的规定如下：①

第四条　城区是指在市辖区和不设区的市中，经本规定划定的区域。城区包括：

（一）街道办事处所辖的居民委员会地域；

（二）城市公共设施、居住设施等连接到的其他居民委员会地域和村民委员会地域。

第五条　城镇是指在我国市镇建制和行政区划的基础上，经本规定划定的区域。城镇包括城区和镇区。

第六条　镇区是指在城区以外的镇和其他区域中，经本规定划定的区域。镇区包括：

（一）镇所辖的居民委员会地域；

（二）镇的公共设施、居住设施等连接到的村民委员会地域；

（三）常住人口在3000人以上独立的工矿区、开发区、科研单位、大专院校、农场、林场等特殊区域。

城乡作为一种地域划分，此消彼长，农村地域有缩小趋势而城镇地域

① 国家统计局：《关于统计上划分城乡的暂行规定》，2006年3月10日。

逐渐扩张。从 2004 年到 2014 年，居委会数量增加了 2.2 万个，增长了 24.52%，而村委会数量减少了 6.3 万个，减少了 9.16%；同期我国城市建成区面积从 3.04 万平方千米增长到 4.98 万平方千米，仅仅 10 年之间城市建成区面积就增长了 63.69%，县城和建制镇建成区面积则分别增长了 69.70%和 70.81%（见表 9-1）。

表 9-1　我国基层自治组织数量与城镇建成区面积

年份	城乡自治组织数量（万个）		城镇建成区面积（万公顷）			
	居委会数量	村委会数量	城市	县城	建制镇	城镇合计
2004	7.8	64.4	304.06	117.74	223.60	645.40
2005	8.0	62.9	325.21	123.83	236.90	685.94
2006	8.0	62.4	336.60	132.29	312.00	780.89
2007	8.2	61.3	354.70	142.60	284.30	781.60
2008	8.3	60.4	362.95	147.76	301.60	812.31
2009	8.5	59.9	381.07	155.58	313.10	849.75
2010	8.7	59.5	400.58	165.85	317.90	884.33
2011	9.0	59.0	436.03	173.76	338.60	948.39
2012	9.1	58.8	455.66	187.40	371.40	1014.46
2013	9.5	58.9	478.55	195.03	369.00	1042.58
2014	9.7	58.5	497.73	201.11	379.46	1078.29
2015	10.0	58.1				

资料来源：《中国社会统计年鉴》（2013）、《2015 年社会服务发展统计公报》《中国城乡建设统计年鉴》（2014）。

三、中国城乡工业格局演变

（一）城乡工业格局概况

计划经济时期，我国工业化的主体是国家，在空间上集中布局在城镇，从而形成了城市与工业、农村与农业相结合的格局。20 世纪 70 年代末以来，这一格局被农村工业的兴起所打破，到 20 世纪 90 年代初，我国农村工业“三分天下有其一”，逐渐形成了农村工业与城镇工业相抗衡的局面（魏后凯，1994）。改革开放以来，我国农村工业就业人数保持持续增长的趋势，从1978年的1734.4万人增长到2013年的9000万人（含个体工商户，约2000万人），而城镇工业从业人员在20世纪90年代中期之前都保持增长趋势，之后一度下降较快，2003年起从业人员保持上升趋势，到2013年就业人员达到8783.1万人。

从城乡工业就业比较来看，自1993年起，农村工业就业人数超过了城镇工业就业总量，并且自1998年起的十几年内比城镇工业就业量高出2000多万人，“十五”期间甚至超过了3000万人，直到2010年以后二者差距缩小，逐步持平。1978~2013年，我国农村工业就业量累计达到22.90亿人，与城镇工业的21.27亿人大体相当（见图9-2）。分阶段来看，1978~1992年，农村工业就业量累计8.44亿人，占全部就业量的40.7%；1993~2013年，农村工业就业量累计16.10亿人，占全国工业的57.1%。农村工业就业在全国工业就业结构中的地位逐步提升。

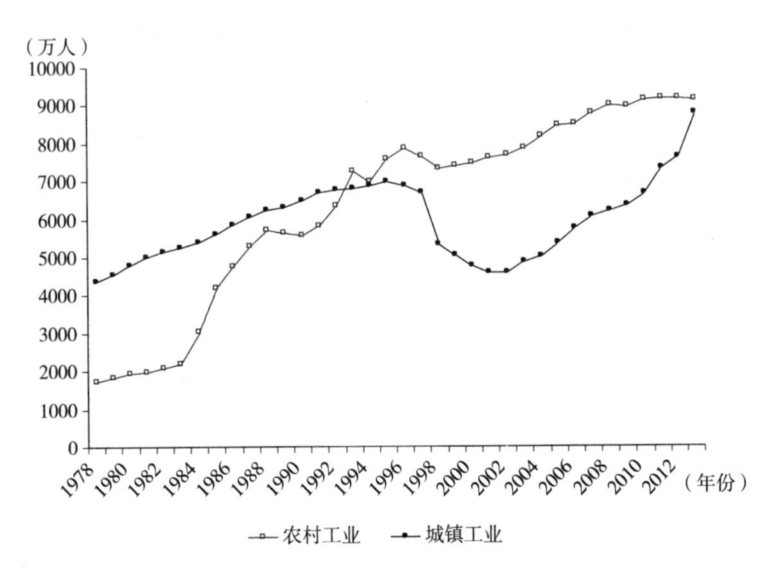

图9-2　我国城镇工业和农村工业就业量走势

注：①城镇工业就业人员包括城镇单位、城镇私营与个体就业人员，2002年之前，城镇单位就业人员的统计口径是城镇职工。1998年及以后城镇单位就业人员不再包括离开本单位仍保留劳动关系的职工。2013年城镇工业就业量变动较大，是因为将原属于乡镇企业的规模以上法人单位纳入劳动工资统计范围所导致。

②农村工业来自《新中国农业60年统计资料》和《中国农业统计资料》。自2009年起，乡镇企业统计不包括个体工商户，根据2008年资料推算，从事工业的个体工商户约为2000万人，故2009年起农村工业加上了2000万个体工商户。

总体来看，我国农村工业发展速度较快，增长趋势比较稳定，而城镇工业在20世纪90年代中期以后有显著的衰退，20世纪初开始逆转，进入增长阶段。对比二者的力量，在不考虑个体工商户的情况下，城镇工业就业略占优势，而如果计入个体工商户，农村工业就业量略占多数。

（二）城乡工业格局特征

1. 我国农村地区承载了工业企业的主体

从企业数来看，根据我国第二次经济普查资料，2008年我国共有197.90万家工业企业，其中，数量占66.33%的131.27万家企业所在地区为村委会，其中，位于镇管村的企业有91.63万家，占46.30%，位于乡管村的企业有17.53万家，占8.86%，城乡结合地带的企业占10.16%（见表9-2）。

表9-2　按乡级单位和村级单位组合产生的城乡类型分的工业企业分布（2008年）

村级单位 / 乡级单位	居委会	村委会	民政部门未确认的园区等类似居委会单位	民政部门未确认的园区等类似村委会单位	全部企业数（个）及比重（%）
街道	城区	城区郊区	城区开发区	城区开发区	
企业数（个）	363037	200976	5940	1480	571433
比重（%）	18.34	10.16	0.3	0.07	28.87
镇	镇区	镇管村	镇区开发区	镇区开发区	
企业数（个）	232051	916283	5771	2458	1156563
比重（%）	11.73	46.30	0.29	0.12	58.44
乡	乡中心区	乡管村	农村开发区	农村开发区	
企业数（个）	6675	175279	455	253	182662
比重（%）	0.34	8.86	0.02	0.01	9.23
民政部门未确认的园区等类似乡级单位	城区开发区	农村开发区	城区开发区	农村开发区	
	22125	20148	22826	3274	68373
	1.12	1.02	1.15	0.17	3.45
全部企业数（个）	623888	1312686	34992	7465	1979031
比重（%）	31.52	66.33	1.77	0.38	100

资料来源：中国第二次全国经济普查企业数据。

2. 我国大多数高污染企业[①]分布在农村地区

2008 年我国共有 44.92 万家高污染工业企业，其中，位于镇管村的高污染企业有 23.34 万家，占全部高污染企业的 51.97%，位于乡管村的企业有 6.27 万家，占 13.97%，合计占到65.94%（见表9-3）。制造类的污染企业 41.35 万家，位于镇管村和乡管村的企业分别占 51.83%和 13.04%。采矿类的污染企业有 3.40 万家，镇管村和乡管村内的企业分别占 54.62%和 25.65%，合计占 80.27%。火力发电企业有 1723 家，位于镇管村和乡管村的企业分别占 33.26%和 5.86%，合计占 39.12%。采矿企业受矿产资源分布影响，因而位于农村的企业较多，而火力发电厂接近市场需求，故而集中在城镇。总体来看，制造类污染企业占高污染企业的 92.05%，制造类污染企业的分布主导了高污染企业的城乡分布。

表 9-3　按乡级单位和村级单位组合产生的城乡类型分的高污染企业分布（2008 年）

村级单位 / 乡级单位	居委会	村委会	民政部门未确认的园区等类似居委会单位	民政部门未确认的园区等类似村委会单位	全部企业数（个）及比重（%）
街道	城区	城区郊区	城区开发区	城区开发区	
企业数（个）	54216	36891	902	183	92192
比重（%）	12.07	8.21	0.2	0.04	20.52
镇	镇区	镇管村	镇区开发区	镇区开发区	
企业数（个）	44753	233443	1078	512	279786
比重（%）	9.96	51.97	0.24	0.11	62.28
乡	乡中心区	乡管村	农村开发区	农村开发区	
企业数（个）	1657	62733	81	74	64545
比重（%）	0.37	13.97	0.02	0.02	14.37
民政部门未确认的园区等类似乡级单位	城区开发区	农村开发区	城区开发区	农村开发区	
	3681	3769	4327	905	12682
	0.82	0.84	0.96	0.2	2.82
全部企业数（个）	104307	336836	6388	1674	449205
比重（%）	23.22	74.98	1.42	0.37	100

资料来源：中国第二次全国经济普查企业数据。

① 高污染企业的界定见李玉红：《中国农村污染工业发展机制研究》。

3. 东中部地区高污染企业集中，与粮食和人口大省相重合

从高污染企业在省级地区的分布情况来看，可以分为三个集团，第一集团是江苏、山东与河南，高污染企业数均超过4万家，比重超过了9%，合计占全国高污染企业数的28.23%。第二个集团是浙江、广东、湖南、河北、辽宁与湖北，所占比例均超过了4%，合计达到36.11%。第三个集团是平均水平及以下，福建、安徽、山西和江西等所占比例在3%以上，其他四个直辖市以及西部欠发达地区的高污染企业所占比例都在3%以下，合计占全国的35.66%（见表9-4）。江苏、山东与河南等东中部地区污染企业密集，同时也是我国粮食大省和人口大省，高污染企业的聚集对粮食生产和人民福祉造成一定的威胁。

表9-4 我国各地区高污染企业分布情况（2008年）

地区	城区	城区郊区	镇区	城区开发区	镇管村	乡管村	乡中心	农村开发区	全部
北京	981	1457	42	60	2434	180	0	0	5154
	0.22	0.32	0.01	0.01	0.54	0.04	0	0	1.15
天津	1002	707	132	740	3526	228	0	0	6335
	0.22	0.16	0.03	0.16	0.78	0.05	0	0	1.41
河北	939	476	620	378	12552	6668	130	207	21970
	0.21	0.11	0.14	0.08	2.79	1.48	0.03	0.05	4.89
山西	702	814	349	119	8527	3904	32	98	14545
	0.16	0.18	0.08	0.03	1.9	0.87	0.01	0.02	3.24
内蒙古	1300	76	1367	206	3172	620	9	87	6837
	0.29	0.02	0.3	0.05	0.71	0.14	0	0.02	1.52
辽宁	5198	3894	1305	714	6193	2035	29	139	19507
	1.16	0.87	0.29	0.16	1.38	0.45	0.01	0.03	4.34
吉林	1635	561	905	54	2809	998	24	17	7003
	0.36	0.12	0.2	0.01	0.63	0.22	0.01	0	1.56

续表

地区	城区	城区郊区	镇区	城区开发区	镇管村	乡管村	乡中心	农村开发区	全部
黑龙江	3105	199	1106	230	2224	1314	18	68	8264
	0. 69	0. 04	0. 25	0. 05	0. 5	0. 29	0	0. 02	1. 84
上海	673	269	1074	220	6778	20	0	272	9306
	0. 15	0. 06	0. 24	0. 05	1. 51	0	0	0. 06	2. 07
江苏	3872	2980	7130	2227	25211	1196	175	1315	44106
	0. 86	0. 66	1. 59	0. 5	5. 61	0. 27	0. 04	0. 29	9. 82
浙江	2512	5353	1721	361	16290	1764	12	87	28100
	0. 56	1. 19	0. 38	0. 08	3. 63	0. 39	0	0. 02	6. 26
安徽	1285	546	2293	920	9859	2054	105	185	17247
	0. 29	0. 12	0. 51	0. 2	2. 19	0. 46	0. 02	0. 04	3. 84
福建	1632	885	1090	435	9569	1542	21	328	15502
	0. 36	0. 2	0. 24	0. 1	2. 13	0. 34	0	0. 07	3. 45
江西	1061	338	1186	1381	7123	2610	96	405	14200
	0. 24	0. 08	0. 26	0. 31	1. 59	0. 58	0. 02	0. 09	3. 16
山东	6907	6163	1487	563	23575	2845	45	48	41633
	1. 54	1. 37	0. 33	0. 13	5. 25	0. 63	0. 01	0. 01	9. 27
河南	2093	1819	1503	367	18897	15878	178	337	41072
	0. 47	0. 4	0. 33	0. 08	4. 21	3. 53	0. 04	0. 08	9. 14
湖北	2875	2829	2229	528	7678	1563	111	622	18435
	0. 64	0. 63	0. 5	0. 12	1. 71	0. 35	0. 02	0. 14	4. 10
湖南	1658	754	3450	162	13425	5629	276	162	25516
	0. 37	0. 17	0. 77	0. 04	2. 99	1. 25	0. 06	0. 04	5. 68

续表

地区	城区	城区郊区	镇区	城区开发区	镇管村	乡管村	乡中心	农村开发区	全部
广东	7007	2882	3290	477	13999	32	3	155	27845
	1. 56	0. 64	0. 73	0. 11	3. 12	0. 01	0	0. 03	6. 20
广西	886	290	1691	103	3603	619	31	37	7260
	0. 2	0. 06	0. 38	0. 02	0. 8	0. 14	0. 01	0. 01	1. 62
海南	133	1	232	53	399	2	0	5	825
	0. 03	0	0. 05	0. 01	0. 09	0	0	0	0. 18
重庆	1178	678	1652	3	4374	548	46	1	8480
	0. 26	0. 15	0. 37	0	0. 97	0. 12	0. 01	0	1. 89
四川	1496	538	4123	48	11072	3276	268	41	20862
	0. 33	0. 12	0. 92	0. 01	2. 46	0. 73	0. 06	0. 01	4. 64
贵州	400	354	624	18	3441	1456	22	26	6341
	0. 09	0. 08	0. 14	0	0. 77	0. 32	0	0. 01	1. 41
云南	797	169	1188	69	5108	1514	3	0	8848
	0. 18	0. 04	0. 26	0. 02	1. 14	0. 34	0	0	1. 97
西藏	24	0	27	0	51	46	0	0	148
	0. 01	0	0. 01	0	0. 01	0. 01	0	0	0. 03
陕西	678	1585	986	0	7161	1765	10	18	12203
	0. 15	0. 35	0. 22	0	1. 59	0. 39	0	0	2. 72
甘肃	587	89	476	52	2597	1312	5	31	5149
	0. 13	0. 02	0. 11	0. 01	0. 58	0. 29	0	0. 01	1. 15
青海	131	15	238	30	568	124	0	2	1108
	0. 03	0	0. 05	0. 01	0. 13	0. 03	0	0	0. 25

续表

地区	城区	城区郊区	镇区	城区开发区	镇管村	乡管村	乡中心	农村开发区	全部
宁夏	311	73	546	63	650	226	0	64	1933
	0.07	0.02	0.12	0.01	0.14	0.05	0	0.01	0.43
新疆	1158	97	691	102	578	765	8	72	3471
	0.26	0.02	0.15	0.02	0.13	0.17	0	0.02	0.77
全部	54216	36891	44753	10683	233443	62733	1657	4829	449205
	12.07	8.21	9.96	2.38	51.97	13.97	0.37	1.08	100

注：每格有两个数字，第一个是企业数，第二个是企业数占全部企业的百分比。

资料来源：中国第二次全国经济普查企业数据。

4. 我国乡镇和行政村普遍存在高污染企业

我国约有2万个镇，其中，87.13%的镇有高污染企业，山东、河南、安徽、江苏、浙江与河北等地区的比例超过了94%。在15067个乡中，61.9%的乡有高污染企业，河南、江苏、山东等都超过了90%。在56.88个行政村中，22.68%的行政村都有高污染企业，其中，江苏、河南、安徽、福建和辽宁省超过了30%。大部分东中部地区都超过了全国平均水平（见表9-5）。

表9-5　中国有高污染企业的乡、镇、行政村数量及所占比重（2008年）

地区	乡、镇、行政村数量（个）			其中：有高污染企业的			有高污染企业的行政区划所占比重（%）		
	镇	乡	行政村	镇	乡	村	镇	乡	村
全国	19234	15067	568779	16759	9326	128981	87.13	61.90	22.68
北京	142	40	3765	104	17	1111	73.24	42.50	29.51
天津	116	20	3458	117	20	1187	100.86	100.00	34.33
河北	969	992	41495	911	828	9748	94.01	83.47	23.49

续表

地区	乡、镇、行政村数量（个）			其中：有高污染企业的			有高污染企业的行政区划所占比重（%）		
	镇	乡	行政村	镇	乡	村	镇	乡	村
山西	563	633	28121	515	459	6259	91.47	72.51	22.26
内蒙古	458	182	10613	364	120	1795	79.48	65.93	16.91
辽宁	572	369	10949	531	308	3346	92.83	83.47	30.56
吉林	423	198	8887	373	139	1732	88.18	70.20	19.49
黑龙江	467	431	9654	356	275	1658	76.23	63.81	17.17
上海	109	3	1687	101	3	1309	92.66	100.00	77.59
江苏	930	109	15682	881	105	7587	94.73	96.33	48.38
浙江	747	446	24431	709	259	6611	94.91	58.07	27.06
安徽	908	361	16921	880	321	5470	96.92	88.92	32.33
福建	590	338	12565	551	285	3993	93.39	84.32	31.78
江西	770	627	17103	667	466	4261	86.62	74.32	24.91
山东	1111	270	69955	1100	258	12467	99.01	95.56	17.82
河南	856	1033	43705	833	1026	15608	97.31	99.32	35.71
湖北	733	210	25416	684	184	5209	93.32	87.62	20.49
湖南	1101	1063	42010	972	716	8659	88.28	67.36	20.61
广东	1139	11	17425	923	9	4429	81.04	81.82	25.42
广西	702	424	14448	563	215	2112	80.20	50.71	14.62
海南	183	21	5742	91	2	218	49.73	9.52	3.80
重庆	580	291	9302	503	178	2337	86.72	61.17	25.12
四川	1821	2588	45149	1541	1168	7909	84.62	45.13	17.52
贵州	691	758	17189	551	387	2647	79.74	51.06	15.40

续表

地区	乡、镇、行政村数量（个）			其中：有高污染企业的			有高污染企业的行政区划所占比重（%）		
	镇	乡	行政村	镇	乡	村	镇	乡	村
云南	580	725	14849	500	420	2734	86.21	57.93	18.41
西藏	140	542	—	20	27	63	14.29	4.98	—
陕西	907	672	25747	757	376	4693	83.46	55.95	18.23
甘肃	462	763	15663	388	383	2239	83.98	50.20	14.29
青海	137	229	3960	84	57	392	61.31	24.89	9.90
宁夏	98	93	2454	86	55	447	87.76	59.14	18.22
新疆	229	625	8786	103	260	751	44.98	41.60	8.55

资料来源：中国第二次全国经济普查企业数据，《中国城乡建设统计年鉴》（2008）。

5. 农村地区高污染企业空间布局高度分散

如果说采矿业和水电气生产与供应业受资源禀赋和市场需求影响而不能随意择址，那么制造企业的选址则反映出企业的真实偏好。2008 年，我国农村地区污染制造企业共分布在 118590 个行政村，比 2004 年多了 12319 个行政村，污染企业在空间上有蔓延的趋势。我国约有 60 万个行政村，也就是说，约 20%的行政村都有污染制造企业。从其分布来看，在有污染制造企业的行政村中，50%以上的村有 1 家污染制造企业，75%以上的村有 2 家污染制造企业，1%的村内有 15 家以上的污染制造企业（见表 9-6）。

表 9-6　农村地区污染制造企业的分布情况

年份	污染企业数（家）	有污染企业的村庄数（个）	村庄污染企业数分位点						
			25	50	60	70	75	90	99
2004	224926	106271	1	1	2	2	2	4	13
2008	274456	118590	1	1	2	2	2	4	15

资料来源：中国第一、第二次全国经济普查企业数据。

四、我国工业污染治理存在的问题

（一）城乡污染监管错位

我国污染企业重心沉在农村，而环保力量集中在城镇，存在着监管方与被监管方的空间错位。

1. 政府环保力量

企业排污具有外部性，因而政府必须予以监督。从空间上来说，距离越近越容易实地监测、调查和取证，而较远的空间距离则增加了监督成本，环保支出增加。在预算有限的情况下，环保部门的监督范围是有限的。

计划时期和改革开放初期，我国工业项目绝大部分安排在城镇，从而形成工业与城镇配套、农业与农村相捆绑的城乡产业分布格局。环保机构解决的主要是城镇工业污染的问题，因而环境保护的重心在城镇。20 世纪 90 年代之前，我国环保机构和工作人员全部都在县级及以上行政单位。当时的环境保护力量与我国污染工业的城乡分布基本上是匹配的。

然而，以城镇为重心的环境保护模式并没有随着我国污染工业空间格局的演化而改变。时至今日，我国污染工业主体已经逐步从城镇转向了农村，城区和镇区内的高污染企业仅有 22%左右，但我国环境保护的工作重心依然在城镇。例如，我国环境保护机构绝大部分依然位于县级及以上的行政区划内，乡镇及以下的环保机构相当缺乏。2015 年，全国环保系统机构总数 14812 个。其中，国家级机构 45 个，省级机构 398 个，地市级环保机构 2319 个，县级环保机构 9154 个，乡镇环保机构 2896 个。全国环保系统共有 23.2 万人。其中，国家级环保人员 3023 人，省级 15830 人，地市级 49973 人，县级 146696 人，乡镇级 16866 人[①]。乡镇级环保机构和人员数分别占全国环保机构和人员数的 19.55%和 7.26%，相当于平均每 10 个乡镇就有一个环保机构，每两个乡镇有一个环保人员。我国县级及以上环保机构的 80%以上和环保人员的 90%以上都集中在城镇。这一状况已经不能与当前污染工业的空间布局相匹配，造成农村地区工业企业的环境管理非常薄弱。图 9-3 为不同时期我国工业企业与环保机构城乡分布比重示意图。

---

① 《中国环境统计公报 2015》。

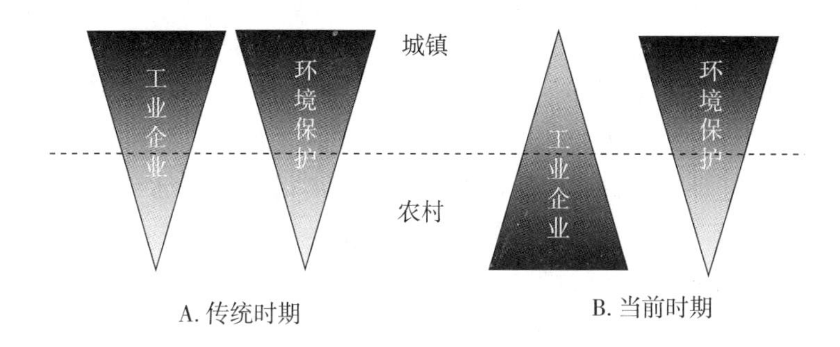

图 9-3　不同时期我国工业企业与环保机构城乡分布比重示意图

从投资来看，我国城市环境基础设施建设投资来自财政资金，而农村地区的环境基础设施建设主要来自地方自筹。2017 年，中央财政拨付 60 亿元农村环境综合整治专项资金，达到了历史新高。然而，这笔经费主要用于村庄垃圾回收、生活污水处理，工业污染治理尚未排上日程。对于“三同时”投资，尽管执行率很高，但是实际上很多位于偏僻村庄的中小企业并没有安装污染治理设备，而“老工业污染治理”投资主要用于位于城镇的老工业污染项目治理。

2. 社会环保力量

从民众参与环境保护的程度看，城镇居民无疑拥有较高的环保意识和较大的话语权。城镇的行政级别越高，民众受教育的程度和生活水平越高，对环境质量的诉求越高，对环境保护的参与越积极，越能推动所在区域环境质量水平的提升。

王芳（2007）从社会学角度考察了上海市民如何维护自己的环境权益。计划经济时期，上海市是我国重要的工业基地。很多有污染的工业项目安排在城镇周边，离居民区有一定距离。然而，随着城镇规模的扩大，这些工业污染源附近也建起了居民区，成为工业和居住混合区。在污染源附近的市民通过信访举报、寻求代言人（人大、政协代表）、求助新闻媒体、法律途径和闹事等方式，对工业污染企业形成了较大的压力，有的企业被迫治理污染，有的企业则迁址他处。污染问题逐步得到解决①。另外一个例子

① 王芳：《环境社会学新视野——行动者、公共空间与城市环境问题》，上海人民出版社 2007 年版。

是 PX 项目选址，反映出城镇居民在污染项目选址上的影响力。如厦门 PX 项目原先选址在厦门海沧区，由于厦门市民的强烈反对而迁址。成都、大连等地也相继发生了抵制 PX 项目的事件，造成项目迁址。然而，项目毕竟还要“落地”，这个“地”，往往就是环境意识薄弱、位置偏僻的村庄。如厦门 PX 项目迁址到了漳州市漳浦县古雷镇的渔村，至今已经发生了两次爆炸事故。饶有趣味的是宁波 PX 项目，原先落地在开发区内的村庄，村民并没有对项目的环境影响进行质疑，而是对项目拆迁不满意，因而集体到政府信访，要求将村庄拆迁纳入新农村改造计划①。实际上，对于刚刚解决温饱的绝大多数村民而言，事先不知道工业污染的危害，事后也不知道如何保护自己的环境权益。农民对于工业污染带来的危害往往是在企业落地之后才能体现出来，而农民主张自身环境权益的手段和能力非常有限，只有污染对人体造成的危害显示出来、以群体性事件引起社会关注时，才能对企业和当地政府形成一定的压力。

（二）环境统计存在明显缺陷

大量农村企业游离在环境管理范围之外，环境统计严重低估了工业污染物排放，环境质量总体恶化。

1. 环境统计范围太窄

环境统计重点调查对象的筛选原则是企业排污规模，即生产规模较大的企业。2000 年，重点调查企业 7.1 万家，“十五”期间，这个数量变化不大，但是占规模以上企业数的比重不断下降，从 2000 年的 44.89%下降到 2005 年的 25.98%（见图 9-4）。“十一五”期间，重点调查企业数有所增加，但是相对于同步增长的规模以上企业，所占比重没有较大变化，2010 年下降到了 24.91%。“十二五”期间，一方面由于规模以上企业的统计口径变小，另一方面进入重点调查的企业数比“十一五”末猛增了 35.66%，因而在规模以上企业数中的比重有较大的提高，恢复到 40%以上，但随后出现下降趋势。

规模以上企业仅仅是我国工业结构中规模相对较大的企业，还有大量的小微企业没有进入年度工业统计。从普查年份数据来看，重点调查企业数仅占我国全部工业企业数的 5%~6%，工业产值占 1/3（见表 9-7）。

---

① http://news.xinhuanet.com/yuqing/2013-10/27/c_125605373_2.htm.

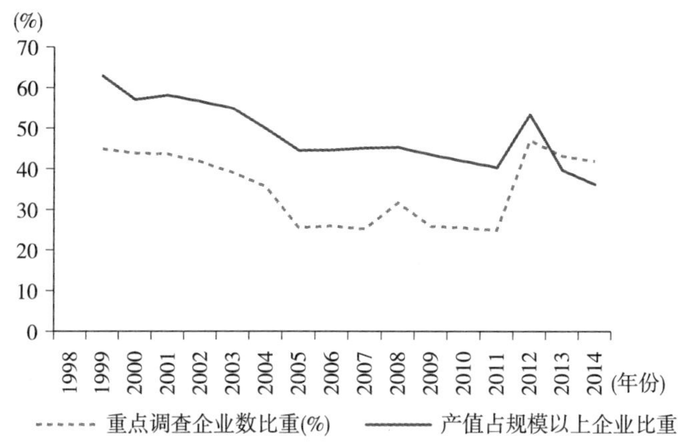

图 9-4　我国环境重点调查企业数及产值占规模以上企业比重

资料来源：《中国环境年鉴》。

表 9-7　重点调查企业占我国工业企业的比重

项目＼年份	2004	2008	2013
重点调查工业企业数（家）	70630	110373	147657
重点调查企业工业总产值（万亿元）	8.97	22.03	37.57
规模以上工业企业数（家）	276474	426113	352546
规模以上企业工业总产值（万亿元）	20.17	50.73	103.87
重点调查企业数占规模以上比重（%）	25.55	25.90	41.88
重点调查企业产值占规模以上比重（%）	44.47	43.42	36.17
普查工业企业数（家）	1375263	1903380	2409533
普查工业企业产值（万亿元）	22.23	54.39	113.83
重点调查企业数占普查比重（%）	5.14	5.80	6.13
重点调查企业工业产值占普查比重（%）	40.35	40.50	33.01

资料来源：中国第一、第二、第三次经济普查年鉴。

2. 环境统计高估了企业的环境管制服从程度

现有污染物排放统计制度的运行建立在一个重要的假设之上，即企业都是按照环境影响评价和“三同时”验收时生产工艺所允许的最低排污水平，因而，用排污系数估算其排污量，然而，这是企业工况和污染治理设施运行最好的情况①。实际上，企业在运行过程中可能存在各种超出最低排污水平的情况，第一，企业根本就没有通过环境影响评价和“三同时”验收，属于违法生产，这种情况通常发生在企业采用了较为落后的生产工艺，排污水平较高时。第二，企业通过了环境影响评价和“三同时”，但是由于污染治理设备运行成本较高，因此企业让污染治理设施闲置，即使被发现违法，也可以通过缴纳排污费“赎罪”，合法排污。也就是说，很多企业污染物直排，应用产污系数来计算其污染物排放量。由于企业产污系数和排污系数相差数倍、数十倍甚至几十倍，因而，污染物排放量被严重低估。

以铅蓄电池企业违法排污行为专项整治为例，可以说明我国污染企业的排污情况。2011 年环保部等共排查 1952 家铅蓄电池企业，其中，取缔关闭、停产和停产整治企业合计共 1576 家，整治幅度高达 83. 74%。整治前，极板加工和电池组装行业的产能保守估计分别为 2. 53 亿克/万千伏安时和 3. 36 亿克/万千伏安时，经过整治，2011 年极板加工和电池组装产能分别减少到 1. 28 亿克/万千伏安时和 1. 48 亿克/万千伏安时，分别占整治前产能的 50. 63%和 44. 12%（李玉红，2016）。比较铅蓄电池行业含铅废物的产排污系数，视原料、工艺和规模不同，产污系数和排污系数存在较大的差异，产排污之比在 5~35。根据前述有一半产能违法生产的事实，假设都是产污系数最少的组装工艺，那么直排的含铅废物为 12. 76 吨；假设都是产污系数最高的摩托车用外化成极板制造+组装工艺，那么，直排的含铅废物为 116. 62 吨；假设工艺都是大于 50 万千伏安时极板制造+组装的动力铅蓄电池，以极板制造计算的直排含铅废物 31. 25 吨。2011 年，我国工业废水中的铅排放量统计数字仅有 150. 8 吨。一家产能为 50 万千伏安时的动力铅蓄电池企业，每年排放含铅废物 75 千克。表 9-8 为铅蓄电池行业含铅废物（HW31 铅）的产排污系数比较。

① 董广霞、景立新、周冏等：《监测数据法在工业污染核算中的若干问题探讨》，《环境监测管理与技术》，2011 年第 4 期。

表 9-8 铅蓄电池行业含铅废物（HW31 铅）的产排污系数比较

单位：克/万千伏安时

产品名称	原料名称	工艺名称	规模等级	产污系数	末端治理技术名称	排污系数	产排污之比
启动型铅蓄电池	铅硫酸多孔PVC或玻璃纤维布	汽车用外化成极板制造+组装	所有规模	6140	化学混凝沉淀法+中和法	222.55	27.6
		摩托车用外化成极板制造+组装	所有规模	9331.1		266.8	35.0
		内化成极板制造+组装	>50 万千伏安时	3475.8		207.6	16.7
工业铅蓄电池		极板制造+组装	>50 万千伏安时	4782.6		188.85	25.3
动力铅蓄电池	铅硫酸玻璃纤维布	极板制造+组装	>50 万千伏安时	2533.65		178.05	14.2
			<50 万千伏安时	3076.4		241	12.8
		组装	>50 万千伏安时	679.3	化学沉淀法+中和法	82.7	8.2
			10 万~50 万千伏安时	781.3		141.6	5.5
			<10 万千伏安时	1017.1		174.9	5.8

资料来源：第一次全国污染源普查资料编纂委员会编：《污染源普查产排污系数手册》，中国环境科学出版社 2011 年版。

五、结论与对策

随着我国城镇化和工业化的进行，农村地域缩小而城镇地域逐渐扩张。从 2004 年到 2014 年，我国居委会数量增长了 24.52%，而村委会数量减少了 9.16%；同期我国城镇建成区面积增长了 67.13%。

我国城镇工业在 20 世纪 90 年代中期以后显著衰退，20 世纪初开始逆转，进入增长阶段。农村工业发展速度较快，增长趋势稳定。在城镇面积大幅增长的情况下，我国城乡工业基本保持分庭抗礼的态势。从企业数来看，农村地区承载了工业企业的主体，而大多数高污染企业分布在农村地区，仅位于镇管村和乡管村的高污染企业数占65.94%。87.13%的镇、61.9%的乡和22.68%的行政村都分布着高污染企业。高污染企业在空间布局上高度分散，而且有蔓延的趋势。

在工业污染治理方面，我国环境管理存在较大的问题。污染企业重心在农村，而环保力量集中在城镇，存在着监管方与被监管方的空间错位。当前无论政府还是社会环境保护力量的城乡分布都与污染工业的城乡分布不相匹配。大量农村企业游离于环境管理范围之外，环境统计低估了工业污染物排放，环境质量总体恶化。

我国环境管理的关键是将高污染企业的排污控制在环境容量之内。从现实出发，针对工业污染源的实际状况加强农村地区的环境保护力量。“十三五”规划提出，我国要“建立全国统一、全面覆盖的实时在线环境监测监控系统，推进环境保护大数据建设”“推进多污染物综合防治和统一监管，建立覆盖所有固定污染源的企业排放许可制”。要实现这一宏大目标，必须重视农村地区工业企业的排污行为，加强农村地区工业企业污染治理。在当前的垂直改革试点中，加强农村地区排污企业环境监测监察建设。

从长远来看，优化配置工业污染企业的空间布局，从源头上切断“散乱污”企业是根本。

参考文献

苏扬、马宙宙：《我国农村现代化进程中的环境污染问题及对策研究》，《中国人口·资源与环境》，2006年第2期。

王波、王夏晖：《我国农村环境“短板”根源剖析》，《环境与可持续发展》，2016年第2期。

魏后凯：《对中国乡村工业化问题的探讨》，《经济学家》，1994年第5期。

张晓：《中国环境政策的总体评价》，《中国社会科学》，1999年第3期。

张世秋：《环境政策边缘化现实与改革方向辨析》，《中国人口·资源与环境》，2004年第3期。

包群、邵敏、杨大利：《环境管制抑制了污染排放吗》，《经济研究》，

2013 年第 12 期。

葛察忠、王金南：《利用市场手段削减污染：排污收费、环境税和排污交易》，《经济研究参考》，2001 年第 2 期。

周曙东、张家峰：《江苏农村工业化中环境污染的规模效应、污染排放强度效应与产业结构效应研究》，《江苏社会科学》，2014 年第 4 期。

李建琴：《农村环境治理中的体制创新——以浙江省长兴县为例》，《中国农村经济》，2006 年第 9 期。

洪大用：《我国城乡二元控制体系与环境问题》，《中国人民大学学报》，2000 年第 1 期。

马中、石磊：《新形势下改革和加强中国环境保护管理体制的思考》，《环境污染与防治》，2009 年第 31 卷第 12 期。

郑易生：《环境污染转移现象对社会经济的影响》，《中国农村经济》，2002 年第 2 期。

中国科学院国情分析研究小组：《城市与乡村——中国城乡矛盾与协调发展研究》，《资源节约和综合利用》，1995 年第 3 期。

李周、尹晓青、包晓斌：《乡镇企业与环境污染》，《中国农村观察》，1999 年第 3 期。

王学渊、周翼翔：《经济增长背景下浙江省城乡工业污染转移特征及动因》，《技术经济》，2012 年第 10 期。

吴海峰：《乡镇企业产业结构调整与农村可持续发展》，《中州学刊》，2000 年第 2 期。

侯伟丽：《论农村工业化与环境质量》，《经济评论》，2004 年第 4 期。

成德宁、郝扬：《城市化背景下我国农村工业的困境及发展的新思路》，《学习与实践》，2014 年第 3 期。

谭秋成：《中国为什么会出现乡镇集体企业》，《中国农村观察》，1998 年第 3 期。

陶然：《论乡镇企业的分散与集聚机制》，《中国农村经济》，1995 年第 4 期。

周冰、谭庆刚：《社区性组织与过渡性制度安排——中国乡镇企业的制度属性探讨》，《南开经济研究》，2006 年第 6 期。

赵连阁、朱道华：《农村工业分散化空间结构的成因与聚集的条件》，《中国农村经济》，2000 年第 6 期。

祁新华、朱宇、张抚秀等：《企业区位特征、影响因素及其城镇化效应——基于中国东南沿海地区的实证研究》，《地理科学》，2010年第2期。

杨晓光：《中国农村工业发展及其区域效应》，商务印书馆2011年版。

郭鹤群、王玉华：《农村工业空间组织演变及其资源环境效应综述》，《中国人口·资源与环境》，2013年第5期。

王岩松、梁流涛、梅艳：《农村工业结构时空演进及其环境污染效应评价——基于行业污染程度视角》，《河南大学学报》（自然科学版），2014年第44卷第4期。

宋伟：《企业空间演变：基于传统农区工业化的微观分析》，社会科学文献出版社2010年版。

王新：《劳动密集型与非城市化转移：中国农村工业模式解析》，《经济学家》，2012年第9期。

附　录

附录一　从效率与公平到五大发展理念

一、收入分配领域内效率与公平定位的演化

（一）在收入分配领域从反思平均主义到“兼顾效率与公平”

改革开放之初，中央确定了以经济建设为中心的基本路线，在反思改革开放前的“平均主义”的同时，进一步深化了对收入分配制度中公平原则的理解。1978年，中共十一届三中全会决定“把全党工作的着重点和全国人民的注意力转移到社会主义现代化建设上来”之后，在1984年召开的中共十二届三中全会上通过了《中共中央关于经济体制改革的决定》，认为“平均主义思想是贯彻执行按劳分配原则的一个严重障碍，平均主义的泛滥必然破坏社会生产力”。这一表述意味着，中央不再将公平等同于平均主义，同时认为平均主义实际上损害了按劳分配这一公平原则，且不利于发展生产力，也就是不利于改善效率。为了打破平均主义，进一步贯彻落实按劳分配原则并提高生产力，这次会议明确提出“允许和鼓励一部分地区、一部分企业和一部分人依靠勤奋劳动先富起来”，并认为这是“符合社会主义发展规律的，是整个社会走向富裕的必由之路”。

既然公平不等同于平均主义，那么进一步公平是不是收入分配的决定性原则或最重要的原则呢？这一问题在20世纪80年代中期成为决策层和理论界的热点问题。随着中央以经济建设为中心的路线的确定，效率越来越受到社会各界的重视。效率原则自然也成为收入分配制度需要考虑的原则。因而效率与公平原则的关系又成为有关收入分配原则讨论的焦点。其中，理论界对两者的关系有多种看法。中共十四大报告明确提出“在分配制度上，以按劳分配为主体，其他分配方式为补充，兼顾效率与公平”。

（二）从“兼顾效率与公平”转向“效率优先、兼顾公平”

而在1993年召开的中共十四届三中全会上通过的《中共中央关于建立社会主义市场经济体制若干问题的决定》，则正式提出将“效率优先、兼顾公平”作为收入分配制度应当遵循原则，将“建立以按劳分配为主体，效率优先、兼顾公平的收入分配制度，鼓励一部分地区一部分人先富起来，走共同富裕的道路”作为经济体制改革的新任务。这意味着效率原则成为收入分配必须遵循的最主要原则。1997年召开的中共十五大贯彻了“效率优先、兼顾公平”的收入分配原则，会议认为“把按劳分配和按要素分配结合起来，坚持效率优先、兼顾公平，有利于优化资源配置，促进经济发展，保持社会稳定”。

中共十六大仍然强调“效率优先、兼顾公平”的收入分配总原则，但对这一原则的阐述更丰富，首次区分了初次分配与再分配中效率与公平关系的差异，这与日益扩大的收入分配差距有着密切的联系。如附表1所示，中国的基尼系数在2003年就达到了0.479，远远超过0.4这一收入分配差距的国际警戒线。中共十六大报告提出要“坚持效率优先、兼顾公平，既要提倡奉献精神，又要落实分配政策，既要反对平均主义，又要防止收入悬殊……初次分配注重效率，发挥市场的作用……再分配注重公平，加强政府对收入分配的调节职能……”以上表述从三方面丰富了“效率优先、兼顾公平”的原则。首先，在强调收入分配的物质激励作用即“效率优先”的同时，强调了精神激励即“提倡奉献精神”。其次，以“效率优先”反对平均主义，以“兼顾公平”防止收入悬殊。最后，在初次分配阶段强调效率原则，在再分配阶段则强调公平原则。

附表 1　2003~2016 年中国基尼系数

年份	基尼系数	年份	基尼系数
2003	0.479	2010	0.481
2004	0.473	2011	0.477
2005	0.485	2012	0.474
2006	0.487	2013	0.473
2007	0.484	2014	0.469
2008	0.491	2015	0.462
2009	0.490	2016	0.465

资料来源：国家统计局。

（三）从“效率优先、兼顾公平”到更强调公平性

由于收入分配差距不断扩大的趋势愈演愈烈，这一问题引起了中央的进一步重视，因而中共十七大不再强调将“效率优先、兼顾公平”作为收入分配原则，而是转向协调效率与公平的关系，甚至在某种程度上更加重视公平。这次会议在论述收入分配制度改革时，首先提出“合理的收入分配制度是社会公平的重要体现”。这在某种程度上意味着中央更强调从公平视角审视收入分配制度。接下来，报告强调“初次分配和再分配都要处理好效率和公平的关系，再分配更加注重公平”，并首次提出要通过“创造机会公平”的途径“逐步扭转收入分配差距扩大趋势”。

虽然有关效率与公平的讨论早已从收入分配领域拓展至中国特色社会主义建设的各个方面，但中共十八大以来中央仍然对收入分配领域内效率与公平的关系提出了具体要求。中共十四大提出的“兼顾效率与公平”的收入分配原则在时隔 20 年后的中共十八大上再次被提及，但中共十八大更强调公平原则，其目的主要是“着力解决收入分配差距较大问题，使发展成果更多更公平惠及全体人民，朝共同富裕方向稳步前进”。中共十八大强调“共同富裕是中国特色社会主义的根本原则”，其中“共同”意味着公平，“富裕”则有赖于效率的提高，因而共同富裕充分体现了效率与公平的统一性。与中共十四大相比，中共十八大所提出的“兼顾效率和公平”的内涵更丰富，对效率与公平的关系把握更准确。中共十八大报告提出“初

次分配和再分配都要兼顾效率和公平，再分配更加注重公平”。这意味着初次分配与再分配中效率与公平的关系是不同的，而中共十四大报告则没有区分这种差异。

显然，中共十八大报告在收入分配中对效率与公平关系的总体定位也不同于中共十五大、十六大和十七大。不过，中共十六大提出的“再分配注重公平”在中共十八大中得到了再次肯定。仔细体会中共十八大重申的“兼顾效率和公平”与中共十七大提出的“处理好效率和公平的关系”也有所不同。理论上，效率和公平之间的关系存在多种可能，如“效率优先，兼顾公平”“兼顾效率和公平”“公平优先，兼顾效率”等。因而与中共十七大相比，中共十八大在收入分配领域关于效率与公平关系的表述和定位更具体。

二、效率与公平向社会主义建设的各方面延伸

（一）效率内化为中国特色社会主义建设方面的原则

中共十四大提出要“高质量、高效率地建设一批重点骨干工程”“提高资源利用效率”“下决心进行行政管理体制和机构改革，切实做到转变职能、理顺关系、精兵简政、提高效率”。同时，中共十五大对效率的含义也有进一步的拓展，除了与中共十四大类似的“提高资源利用效率”以及“提高决策水平和工作效率”，还提出要“提高企业和资本的运作效率”。同样，中共十六大也强调了“资源利用效率显著提高”“提高行政效率”。中共十七大报告除了将“资源利用效率显著提高”拓展为“提高能源资源利用效率”，同时将“提高行政效率”提升为着力构建“富有效率”的体制机制以贯彻落实科学发展观。

虽然中共十八大报告直接提到效率的地方并不多，但效率原则却体现在经济建设、政治建设、文化建设、社会建设、生态文明建设等中国特色社会主义五位一体总布局的各方面。中共十八大报告明确中国特色社会主义的根本任务仍然是解放和发展社会生产力，因为中国仍处于社会主义初级阶段，社会主要矛盾仍然是人民日益增长的物质文化需要同落后的社会生产力之间的矛盾。因而，中共十八大对效率的要求首先体现在经济建设领域，要求经济体制改革“推动经济更有效率、更加公平、更可持续发展”。中共十八届三中全会进一步明确了相关要求，包括通过市场化改革实

现资源配置的效益最大化和效率最优化、提高国有企业效率、通过深化改革提高财税体制效率、提高投资效率和“金融服务实体经济效率”以及提高行政审批效率等。

除经济建设外，中共十八大在其他方面对效率的原则也有比较具体的要求：在政治建设方面，中共十八大报告提出要“保证党领导人民有效治理国家”“加快建设公正高效权威的社会主义司法制度”；在文化建设方面，提出要“完善公共文化服务体系，提高服务效能”；在社会建设方面，要求“初次分配和再分配都要兼顾效率和公平”；在生态文明建设方面，要求国土空间开发必须“促进生产空间集约高效”“大幅降低能源、水、土地消耗强度，提高利用效率和效益”。

（二）公平逐渐被确定为中国特色社会主义的内在要求

关于效率与公平的思考虽然始于收入分配问题，但很快延伸至其他领域。中共十四大首先将公平从收入分配领域拓展至市场制度建设领域，提出要“加强市场制度和法规建设，坚决打破条条块块的分割、封锁和垄断，促进和保护公平竞争”，即要求市场竞争也必须公平。中共十五大也继续坚持“公平竞争”的提法，并进一步提出“坚持公平、公正、公开原则，直接涉及群众切身利益的部门要实行公开办事制度”。中共十六大继续强调“公平竞争”，并首次强调“社会主义司法制度必须保障在全社会实现公平和正义”。中共十七大对公平则做了更多的强调和阐述，报告全文有 15 处提到公平，并首次将效率与公平置于改革开放的历史进程中加以阐释。尤其引人关注的是，本次会议提出“实现社会公平正义是中国共产党人的一贯主张，是发展中国特色社会主义的重大任务”。并强调“要通过发展保障社会公平正义”。同时，中共十七大报告将以往的“公平竞争”改为“公平准入”，从而与收入分配领域的“创造机会公平”相呼应。

中共十八大以来，以习近平为总书记的新一届党中央进一步提出“公平正义是中国特色社会主义的内在要求”，要求从制度上保障公平即“加紧建设对保障社会公平正义具有重大作用的制度”，以“保证人民平等参与、平等发展权利”以及“使发展成果更多更公平惠及全体人民”。在经济建设领域，提出要“保证各种所有制经济依法平等使用生产要素、公平参与市场竞争”；“加快改革财税体制，健全中央和地方财力与事权相匹配的体制，完善促进基本公共服务均等化和主体功能区建设的公共财政体系，构建地方税体系，形成有利于结构优化、社会公平的税收制度”。中共十八届三中全会通过了《中共中央关于全面深化改革若干重大问题的决定》，进一步提出要“按照统一税制、公平税负、促进公平竞争的原则，加强对税收优惠特别是区域税收优惠政策的规范管理”。

在其他方面也提出了有关公平的具体要求。在政治建设方面，要求通过行政体制改革推进政府职能向“维护社会公平正义”转变。在文化建设方面提出“加大对农村和欠发达地区文化建设的帮扶力度”，并鼓励各类市场主体在文化市场上公平竞争。在社会建设方面，着重强调要“逐步建立以权利公平、机会公平、规则公平为主要内容的社会保障体系”，包括教育公平、收入分配公平、平等就业、保障农民公平分享土地增值收益以及养老、医疗、住房等各方面的公平。在生态文明建设方面，强调“建立反映市场供求和资源稀缺程度、体现生态价值和代际补偿的资源有偿使用制度和生态补偿制度”。此外，在应对气候变化方面，中共十八大报告提出“坚持共同但有区别的责任原则、公平原则、各自能力原则，同国际社会一道积极应对全球气候变化”。

三、从强调效率与公平的对立性到强调两者的统一性

随着对效率与公平认识的不断深化，中央对效率与公平之间关系的定位也更多地从对立性转向统一性。中共十七大报告提出在改革开放的历史进程中要“把提高效率同促进社会公平结合起来”。中共十八届三中全会要求改革开放既要“以促进社会公平正义、增进人民福祉为出发点和落脚点”，又要“进一步解放思想、解放和发展社会生产力、解放和增强社会活力”即提高效率，继而“让发展成果更多更公平惠及全体人民”。

（一）效率与公平在内涵上的统一性

一方面，效率的改善有助于实现更高层次的公平。经济效率的提高，有助于在更高的物质基础上实现公平；司法效率的提高有助于人民群众更及时地感受到公平正义；文化建设效率的提高，能使公共文化服务体系更快地惠及各地各类人群，促进公共文化服务的均等化；提高社会保障体系的运行效率能够有效地扩大社会保障体系的覆盖范围，促进社会建设领域的公平性；资源利用效率和生态效率的改善则不仅有利于促进当代人之间的环境公平性，也有利于促进代际环境公平性。中共十八大报告提出要在“经济社会发展的基础上，加紧建设对保障社会公平正义具有重大作用的制

度”就反映了效率对公平的积极意义。

另一方面，公平有助于改善效率。在一个公平的制度和环境中更能调动各类主体的主观能动性，从而发挥出更大的潜力，提高整个社会的效率。中共十八大以来，中央在经济建设领域反复强调要保障各类经济主体平等使用生产要素、公平参与市场竞争，其根本目的也是充分利用市场机制提高资源配置效率。强调公平的、财力与事权相匹配的财税体制，则有助于发挥中央和地方两个积极性，提高财税收支效率和资源配置效率。在社会建设领域强调权利、机会和规则公平的社保体系，则能在长期内改善劳动力素质、促进科技进步，继而提高劳动生产率和全要素生产率。鼓励各类市场主体在文化市场上公平竞争有助于提高文化资源的配置效率，做大做强文化产业。强调资源有偿使用和生态补偿制度，则不仅能促进资源使用和生态保护的公平性，也有助于提高资源使用效率和生态效率。

（二）效率与公平实现途径的统一性

中央关于效率与公平实现路径的构想也体现了两者的统一性。中共十八届三中全会通过的《中共中央关于全面深化改革若干重大问题的决定》对效率与公平的实现路径做了基本设定。效率的实现主要通过市场化改革和减少政府对资源配置的直接干预，从而“让一切劳动、知识、技术、管理、资本的活力竞相迸发，让一切创造社会财富的源泉充分涌流”，通过良好的市场运行机制实现资源配置的效率最优化。同时，通过构建开放型经济新体制促进国际国内要素有序流动，提高资源配置效率。

公平的实现则主要强调政府发挥积极的作用。一方面要求政府监管好市场，保障市场的正常运行，维护市场主体的公平竞争；另一方面要求政府弥补市场先天不足即市场失灵，“改革收入分配制度，促进共同富裕，推进社会领域制度创新，推进基本公共服务均等化”以及“推动可持续发展”。由此可见，效率的实现离不开按公平竞争机制有效运转的市场体系，离不开政府对公平竞争机制的维持以及政府对市场先天不足的弥补。政府要实现更高层次的公平则需要通过有效的市场机制提高资源配置效率。

四、对公平与效率的丰富和发展

（一）以“质量与可持续”补充“公平和效率”

在中共十七大会议上，中央就提出通过转变发展方式“提高发展质量和效益”“实现速度和结构质量效益相统一”：在经济建设方面，要“确保产品质量和安全”特别是“提高农产品质量安全水平”并“提高开放质量”；在社会建设方面，要“提高高等教育质量”“提高医疗服务质量”，最终使人民“生活质量明显改善”；通过生态文明建设实现“生态环境质量明显改善”；在国防和军事建设方面，要“提高武器装备研制的自主创新能力和质量效益”“提高预备役部队和民兵建设质量”。中共十七大同时强调，要“努力实现以人为本、全面协调可持续的科学发展”，主要是“加强能源资源节约和生态环境保护，增强可持续发展能力”“加快形成可持续发展体制机制”。

中共十八大以来，质量和可持续在发展中的重要性得到了进一步强化。中共十八大报告提出“加快形成新的经济发展方式，把推动发展的立足点转到提高质量和效益上来”，同时要求“必须更加自觉地把全面协调可持续作为深入贯彻落实科学发展观的基本要求”。中共十八届五中全会则明确要求“以提高发展质量和效益为中心”，继而“实现更高质量、更有效率、更加公平、更可持续的发展”。

中共十八大提出在经济领域要“形成以技术、品牌、质量、服务为核心的出口竞争优势”；在文化建设领域，要“提高文化产品质量”；在社会建设领域，要使“城镇化质量明显提高”“着力提高教育质量”“推动实现更高质量的就业”；在国防领域，要“提高国防动员和后备力量建设质量”；在党建领域，要“提高民主质量”“提高发展党员质量”。此外，中共十八届三中全会还提出要“提高立法质量”，中共十八届五中全会则提出“人民生活水平和质量加快提高”“生态环境质量总体改善”。

同时，中共十八大以来中央对可持续性的要求也更加全面和具体。在经济领域，要求“推动经济更有效率、更加公平、更可持续发展”。在社会建设领域，要求“加快形成政府主导、覆盖城乡、可持续的基本公共服务体系”“要坚持全覆盖、保基本、多层次、可持续方针，以增强公平性、适应流动性、保证可持续性为重点，全面建成覆盖城乡居民的社会保障体系”，即十八届三中全会提出的“建立更加公平可持续的社会保障制度”。而且，中共十八大还提出要“通过深化合作促进世界经济强劲、可持续、平衡增长”，这体现了我国积极参与全球治理的良好意愿。

（二）涵盖“质量、效率、公平与可持续性”的五大发展理念

随着中国经济总量的跃升，经济由过去的高速增长转为以中高速增长

为特征的新常态，同时中国发展中的公平、效率、质量和可持续性问题也越发突出。在此背景下，中共十八届五中全会审议通过了《中共中央关于制定国民经济和社会发展第十三个五年规划的建议》(以下简称《"十三五"规划建议》)，提出"必须牢固树立并切实贯彻创新、协调、绿色、开放、共享的发展理念"，以"实现'十三五'时期的发展目标，破解发展难题，厚植发展优势"。

创新发展主要强调发展的质量和效益，但也兼顾公平、效率与可持续性。一方面，《"十三五"规划建议》强调创新是引领发展的第一动力，置于五大发展理念之首，与发展四大要求的第一条"更高质量"相呼应。同时，提出了具体的质量要求，如"提高农业质量效益和竞争力"，在工业领域"开展质量品牌提升行动"，在服务业领域"提高金融机构管理水平和服务质量"。另一方面，创新发展也为发展的公平、效率和可持续起到基础支撑作用。首先，创新发展十分有利于改善发展的效率，因为创新发展能有效优化劳动力、资本、土地、技术、管理等要素配置。其次，创新发展要求构建一系列发展新体制保障公平正义，如建立公平竞争保障机制、形成促进社会公平正义的现代财政制度等。最后，创新发展要求培育发展新动力，拓展发展新空间，从而为发展的可持续性提供强有力的保障。

协调发展首先强调区域协同、城乡一体发展，要求支持革命老区、民族地区、边疆地区、贫困地区加快发展，要求工业反哺农业、城市支持农村，推进城乡要素平等交换、合理配置和基本公共服务均等化，这些内涵突出体现了发展的公平性。其次协调发展也要求拓宽发展空间，并强调在加强薄弱领域中增强发展后劲，同时还着重强调资源环境的可承载性，这些都反映了发展的可持续性要求。最后协调发展强调区域间要素的有序流动、产业布局优化和区域间的协作分工，这非常有利于改善发展的效率。此外，协调发展还包括促进农产品精深加工，提高城市规划、建设、管理水平，建设美丽宜居乡村，扶持优秀文化产品创作生产等一系列内容，它们体现了发展的质量要求。

绿色发展以提高生态环境质量为核心，强调"为人民提供更多优质生态产品"，因而绿色首先直接体现了发展的质量要求。其次绿色发展要求促进人与自然和谐共生，根据资源环境承载力调节城市规模，是生态文明建设的首要途径，也是可持续发展的必由之路。再次绿色发展强调全面节约和高效利用资源、低碳循环发展，即尽可能以最低的生态环境代价实现既定的发展目标，因而深刻体现了发展的效率要求。最后绿色发展同样深刻回应了发展的公平性。习近平同志指出，“良好的生态环境是最公平的公共产品，是最普惠的民生福祉”，可见绿色发展也是促进发展公平性的最重要的途径之一。此外，绿色发展还包含生态功能区的转移支付、建立横向和流域生态补偿机制等内容，这些内容也反映了公平性的要求。

开放发展首先要求“推进双向开放，促进国内国际要素有序流动、资源高效配置、市场深度融合”，这是从开放的视角对效率要求的回应。其次开放发展要求“促进国际经济秩序朝着平等公正、合作共赢的方向发展”，这反映了中央希望将公平性从国家内部拓展至世界范围的良好意愿。最后开放发展提出了“加快对外贸易优化升级，从外贸大国迈向贸易强国”“积极有效引进境外资金和先进技术”“提高自由贸易试验区建设质量”等一系列事关发展质量的要求。此外，开放发展十分有利于为中国拓展国际发展空间，从而为发展的可持续性提供更坚实的基础。而且，开放发展还专门提到“主动参与二〇三〇年可持续发展议程”、积极参与全球气候谈判等内容，更是体现了发展的可持续要求。

共享发展首先反映了发展的公平性诉求，它提出了“注重机会公平”、公共服务供给“坚持普惠性、保基本、均等化、可持续方向”，要求“坚决打赢脱贫攻坚战”“促进教育公平”“缩小收入差距”“建立更加公平更可持续的社会保障制度”等一系列公平性要求。其次共享发展强调了发展的质量，如提高贫困地区基础教育质量和医疗服务水平、提高教育质量、加强医疗质量监管以及提高药品质量等。最后共享发展明确提出了可持续要求，包括前面提到的公共服务供给以及社会保障制度的可持续性。而且共享发展提出的“促进人口均衡发展”也是可持续发展的基本要求。当然，共享发展也回应了发展的效率要求，如“提高劳动力素质、劳动参与率、劳动生产率，增强劳动力市场灵活性”。

附录二　主要绿色发展政策一览表

发布机构	政策名称	时间
	综合性绿色发展政策	
	综合性绿色发展总体方案和规划	
国家环保总局	国家环境保护总局办公厅关于印发 2003~2005 年全国污染防治工作计划的通知	2003 年
国务院	国务院关于印发节能减排综合性工作方案的通知（失效）	2007 年
国务院	国务院关于印发国家环境保护“十一五”规划的通知（失效）	2007 年
国务院	国务院办公厅关于印发 2008 年节能减排工作安排的通知	2008 年
国务院	国务院关于落实科学发展观加强环境保护的决定	2008 年
国务院	国务院办公厅关于印发 2009 年节能减排工作安排的通知（失效）	2009 年
环境保护部	环境保护部关于印发《国家环境保护“十二五”环境与健康工作规划》的通知	2011 年
国家环保总局	环境保护部关于印发《“十二五”全国环境保护法规和环境经济政策建设规划》的通知	2011 年
国务院	重金属污染综合防治“十二五”规划	2011 年
国务院	国务院关于印发“十二五”节能减排综合性工作方案的通知	2011 年
国务院	国务院关于印发节能减排“十二五”规划的通知（失效）	2012 年
国务院	国务院办公厅关于印发 2014~2015 年节能减排低碳发展行动方案的通知	2014 年
国务院	生态文明体制改革总体方案	2015 年
国务院	中共中央、国务院关于加快推进生态文明建设的意见	2015 年

续表

发布机构	政策名称	时间
工业和信息化部	工业和信息化部关于印发《2015年工业绿色发展专项行动实施方案》的通知	2015年
国务院	国务院关于印发“十三五”节能减排综合工作方案的通知	2016年
工业和信息化部	工业和信息化部关于印发《工业绿色发展规划（2016~2020年）》的通知	2016年
国务院	国务院关于印发“十三五”生态环境保护规划的通知	2016年
	综合性绿色发展经济政策	
国家环境保护总局	排污费征收使用管理条例	2003年
财政部、环保部	财政部经济建设司、国家环保总局规划与财务司关于申报2007年度中央环境保护专项资金项目有关事项的通知	2007年
财政部	财政部关于印发《中央国有资本经营预算节能减排资金管理暂行办法》的通知（失效）	2008年
财政部	财政部、交通运输部关于印发《交通运输节能减排专项资金管理暂行办法》的通知（失效）	2012年
财政部	财政部、民航局关于印发《民航节能减排专项资金管理暂行办法》的通知（失效）	2012年
交通运输部、财政部	交通运输部办公厅、财政部办公厅关于印发交通运输节能减排专项资金申请指南（2013年）的通知资金	2012年
财政部	财政部关于下达2013年交通运输节能减排专项资金的通知	2013年
环境保护部	环境保护部办公厅关于印发《2013年第二批中央财政主要污染物减排专项资金项目建设方案》的通知	2013年
科学技术部	科学技术部、财政部关于2013年度中欧中小企业节能减排科研合作资金项目立项的通知	2013年

续表

发布机构	政策名称	时间
财政部	财政部、环境保护部关于印发《中央农村节能减排资金使用管理办法》的通知	2015 年
财政部	财政部关于印发《节能减排补助资金管理暂行办法》的通知	2015 年
财政部	财政部、发展改革委关于节能减排财政政策综合示范工作的补充通知	2017 年
综合性绿色发展行政政策		
国务院	主要污染物总量减排统计办法	2007 年
国务院	主要污染物总量减排监测办法	2007 年
国务院	主要污染物总量减排考核办法	2007 年
国家环保总局	地方环境质量标准和污染物排放标准备案管理办法（2010）	2010 年
环境保护部	环境保护部关于发布《农村生活污染防治技术政策》的通知	2010 年
国务院	国务院关于加强环境保护重点工作的意见	2011 年
国家环保总局	环境保护部关于印发《环境保护和污染减排政策措施落实情况监督检查方案》的通知	2011 年
国务院	国务院办公厅关于印发国家环境保护"十二五"规划重点工作部门分工方案的通知	2012 年
国家环保总局	环境保护部关于加快完善环保科技标准体系的意见	2012 年
综合性绿色发展法律政策		
全国人大常委会	中华人民共和国固体废物污染环境防治法	1995 年
全国人大常委会	中华人民共和国环境噪声污染防治法	1996 年
全国人大常委会	中华人民共和国清洁生产促进法	2002 年
全国人大常委会	中华人民共和国放射性污染防治法	2003 年
全国人大常委会	中华人民共和国可再生能源法	2005 年
全国人大常委会	中华人民共和国环境保护法	2014 年

续表

发布机构	政策名称	时间
全国人大常委会	中华人民共和国环境影响评价法	2016 年
大气污染防治与温室气体减排政策		
大气污染防治与温室气体减排综合性政策		
国务院	国务院办公厅关于加快推进农作物秸秆综合利用的意见	2008 年
国务院	国务院关于印发“十二五”控制温室气体排放工作方案的通知	2011 年
科学技术部	科学技术部、外交部、国家发展改革委等关于印发“十二五”国家应对气候变化科技发展专项规划的通知（失效）	2012 年
环境保护部	环境保护部、国家发展和改革委员会、财政部关于印发《重点区域大气污染防治“十二五”规划》的通知	2012 年
国务院	国务院关于加快发展节能环保产业的意见	2013 年
国务院	国务院关于印发大气污染防治行动计划的通知	2013 年
国家发展改革委、国家能源局、财政部	国家发展改革委、国家能源局、财政部等关于推进电能替代的指导意见	2016 年
大气污染防治与温室气体减排财政政策		
财政部	碳排放权交易管理暂行办法	2014 年
财政部	财政部、科技部、工业和信息化部、发展改革委关于新能源汽车充电设施建设奖励的通知	2014 年
财政部	财政部、环境保护部关于加强大气污染防治专项资金管理提高使用绩效的通知	2015 年
财政部	财政部、工业和信息化部、交通运输部关于完善城市公交车成品油价格补助政策加快新能源汽车推广应用的通知	2015 年
大气污染防治与温室气体减排其他经济政策		
国务院	国务院关于实施成品油价格和税费改革的通知	2008 年
国家发改委	国家发展改革委关于印发《温室气体自愿减排交易管理暂行办法》的通知	2012 年

续表

发布机构	政策名称	时间
大气污染防治与温室气体减排行政政策		
国务院	国务院办公厅关于限期停止生产销售使用含铅汽车的通知	1998 年
国家环保总局	国家环境保护总局办公厅关于执行汽车污染物排放标准有关问题的通知	1999 年
国家环保总局	国家环境保护总局关于印发《大气污染防治重点城市划定方案》的通知	2002 年
国家环保总局	秸秆禁烧和综合利用管理办法	2003 年
国家环保总局	国家环境保护总局关于进一步加强机动车排放生产一致性检查的公告	2003 年
国家环保总局	国家环保总局、国家经贸委、科技部关于发布《摩托车排放污染防治技术政策》的通知	2003 年
国家环保总局	国家环境保护总局关于进一步加强城市机动车污染排放监督管理的通知	2003 年
国家环保总局	国家环境保护总局关于加强秸秆禁烧和综合利用工作的通知	2003 年
国家发改委	国家发展改革委、财政部、商务部、国土资源部、国家工商总局、国家税务总局、国家环保总局、银监会、电监会印发关于清理规范焦炭行业的若干意见的紧急通知（失效）	2004 年
国家发改委	国家发展改革委、商务部等部门印发关于清理规范焦炭行业的若干意见	2004 年
国家环保总局	国家环境保护总局关于实施国家第二阶段轻型车排放标准的公告	2004 年
国家环保总局	国家环境保护总局关于加强在用机动车环保定期检测工作的通知	2004 年
国家环保总局	国家环境保护总局关于发布环境行政许可保留项目的公告	2004 年
国家环保总局	国家环境保护总局关于实施重型车国家第二阶段排放标准的公告	2004 年

续表

发布机构	政策名称	时间
国家环保总局	国家环境保护总局办公厅关于进一步加强大气污染防治改善城市环境空气质量的通知	2004 年
国家环保总局	国家环境保护总局关于加强轻型汽车环保生产一致性监督管理的公告	2004 年
国家环保总局	国家环境保护总局办公厅关于加强冬季城市大气污染防治工作的通知	2004 年
国家环保总局	国家环境保护总局关于发布国家污染物排放标准《水泥工业大气污染物排放标准》的公告（失效）	2004 年
国家环保总局	国家环境保护总局关于贯彻实施新修订《火电厂大气污染物排放标准》的通知	2004 年
环境保护部	环境保护部、农业部关于进一步加强秸秆禁烧工作的通知	2008 年
环境保护部	环境保护部公告 2008 年第 40 号——关于实施摩托车及轻便摩托车国家第三阶段排放及燃油蒸发标准的公告	2008 年
国务院机关事务管理局	国务院机关事务管理局办公室关于印发《中央国家机关落实北京市控制大气污染保障空气质量措施的具体方案》的通知	2008 年
工业和信息化部	工业和信息化部关于印发钢铁行业烧结烟气脱硫实施方案的通知	2009 年
环境保护部	环境保护部公告 2009 年第 8 号——关于发布国家环境保护标准《工业锅炉及炉窑湿法烟气脱硫工程技术规范》的公告	2009 年
环境保护部	环境保护部关于落实汽车以旧换新政策鼓励黄标车提前报废的通知	2009 年
环境保护部	环境保护部办公厅关于加强中央财政主要污染物减排专项资金环境监察执法标准化建设项目执法装备使用管理工作的通知	2009 年
环境保护部	环境保护部办公厅关于印发《2009~2010 年全国污染防治工作要点》的通知	2009 年
住房和城乡建设部	住房和城乡建设部关于印发《绿色工业建筑评价导则》的通知（失效）	2010 年

续表

发布机构	政策名称	时间
环境保护部	环境保护部办公厅关于印发《2011年全国污染防治工作要点》的通知	2011年
环境保护部	环境保护部公告2011年第49号——关于实施国家第四阶段轻型汽油车、两用燃料车和单一气体燃料车污染物排放标准的公告	2011年
环境保护部	环境保护部公告2011年第57号——关于发布《火电厂大气污染物排放标准》等两项国家污染物排放标准的公告	2011年
环境保护部	环境保护部办公厅关于印发《创建国家环境保护模范城市规划编制大纲》的通知	2011年
环境保护部	环境保护部关于实施《环境空气质量标准》（GB 3095—2012）的通知	2012年
环境保护部	环境保护部关于加强环境空气质量监测能力建设的意见	2012年
环境保护部	环境保护部公告2012年第43号——关于发布《铁矿采选工业污染物排放标准》等8项国家污染物排放标准的公告	2012年
环境保护部	环境保护部公告2012年第44号——关于发布地方环境质量标准和污染物排放标准备案信息（截至2012年6月30日）的公告	2012年
环境保护部	环境保护部公告2012年第46号——关于实施国家第四阶段重型车用汽油发动机与汽车排放标准的公告	2012年
科学技术部	科技部、环境保护部关于印发蓝天科技工程“十二五”专项规划的通知（失效）	2012年
财政部	财政部、国家发展和改革委员会、工业和信息化部关于开展1.6升及以下节能环保汽车推广工作的通知	2013年
财政部	财政部、科技部、工业和信息化部、国家发展改革委关于继续开展新能源汽车推广应用工作的通知	2013年

续表

发布机构	政策名称	时间
国家标准化管理委员会	国家标准化管理委员会关于下达《水泥工业大气污染物排放标准》等2项国家标准制修订计划项目的通知	2013年
国家发改委	产业结构调整指导目录（2011年本）（2013修正）	2013年
国家发改委	国家发展和改革委员会、国家能源局关于切实落实气源和供气合同确保“煤改气”有序实施的紧急通知	2013年
环境保护部	环境保护部公告2013年第24号——关于公布全国燃煤机组脱硫脱硝设施等重点大气污染减排工程的公告	2013年
环境保护部	环境保护部公告2013年第31号——关于发布《水泥工业污染防治技术政策》《钢铁工业污染防治技术政策》《硫酸工业污染防治技术政策》和《挥发性有机物（VOCs）污染防治技术政策》四项指导性文件的公告	2013年
环境保护部	环境保护部、国家发展和改革委员会、工业和信息化部等关于印发《京津冀及周边地区落实大气污染防治行动计划实施细则》的通知	2013年
环境保护部	环境保护部公告2013年第37号——关于发布国家环保标准《轻型汽车污染物排放限值及测量方法（中国第五阶段）》的公告	2013年
环境保护部	环境保护部公告2013年第38号——关于发布国家环境保护标准《砖瓦工业大气污染物排放标准》的公告	2013年
环境保护部	环境保护部办公厅关于核发2013年度第二批原料及试剂用途四氯化碳使用配额的通知	2013年
环境保护部	环境保护部办公厅关于加强重污染天气应急管理工作的指导意见	2013年
环境保护部	关于发布《铝工业污染物排放标准》（GB 25465—2010）等六项污染物排放标准修改单的公告	2013年

续表

发布机构	政策名称	时间
环境保护部	环境保护部公告2013年第80号——关于发布《水泥工业大气污染物排放标准》等四项国家污染物排放（控制）标准的公告	2013年
住房和城乡建设部	住房和城乡建设部关于开展城市步行和自行车交通系统示范项目工作的通知	2013年
财政部	财政部、科技部、工业和信息化部、发展改革委关于进一步做好新能源汽车推广应用工作的通知	2014年
财政部	国家发展和改革委员会、工业和信息化部、财政部等关于印发《重点地区煤炭消费减量替代管理暂行办法》的通知	2014年
工业和信息化部	工业和信息化部印发《大气污染防治重点工业行业清洁生产技术推行方案》	2014年
工业和信息化部	工业和信息化部、国家发展和改革委员会、科学技术部等关于印发《京津冀公交等公共服务领域新能源汽车推广工作方案》的通知（失效）	2014年
国家发改委	国家发展改革委、国家能源局、国家环境保护部关于印发能源行业加强大气污染防治工作方案的通知	2014年
国家发改委	国家发展和改革委员会、农业部、环境保护部关于印发《京津冀及周边地区秸秆综合利用和禁烧工作方案（2014~2015年）》的通知	2014年
国家发改委	国家发展和改革委员会、环境保护部、财政部等关于印发燃煤锅炉节能环保综合提升工程实施方案的通知	2014年
环境保护部	环境保护部关于印发《京津冀及周边地区重点行业大气污染限期治理方案》的通知	2014年
环境保护部	环境保护部关于加强地方环保标准工作的指导意见	2014年
环境保护部	环境保护部公告2014年第35号——关于发布《锅炉大气污染物排放标准》等三项国家污染物排放（控制）标准的公告	2014年

续表

发布机构	政策名称	时间
环境保护部	环境保护部办公厅关于核发2014年度原料、试剂及助剂用途四氯化碳使用配额的通知	2014年
环境保护部	环境保护部公告2014年第48号——关于公布全国燃煤机组脱硫脱硝设施等重点大气污染减排工程名单的公告	2014年
环境保护部	环境保护部、工业和信息化部、公安部等关于印发新生产机动车环保达标监管工作方案的通知	2014年
环境保护部	环境保护部、国家发展和改革委员会、公安部等六部门关于印发2014年黄标车及老旧车淘汰工作实施方案的通知	2014年
环境保护部	环境保护部公告2014年第71号——关于发布2014年国家鼓励发展的环境保护技术目录（工业烟气治理领域）的公告	2014年
环境保护部	环境保护部办公厅关于加强重污染天气应急预案编修工作的函	2014年
环境保护部	环境保护部关于印发《珠三角及周边地区重点行业大气污染限期治理方案》的通知	2014年
环境保护部	环境保护部关于印发《长三角地区重点行业大气污染限期治理方案》的通知	2014年
环境保护部	环境保护部关于印发《建设项目主要污染物排放总量指标审核及管理暂行办法》的通知	2014年
环境保护部	环境保护部关于在化解产能严重过剩矛盾过程中加强环保管理的通知	2014年
环境保护部	环境保护部、发展改革委、工业和信息化部等关于印发《大气污染防治行动计划实施情况考核办法（试行）实施细则》的通知	2014年
环境保护部	环境保护部公告2014年第92号——关于发布《大气可吸入颗粒物一次源排放清单编制技术指南（试行）》等5项技术指南的公告	2014年

续表

发布机构	政策名称	时间
国务院	国务院办公厅关于印发大气污染防治行动计划实施情况考核办法（试行）的通知	2014 年
环境保护部	环境保护部关于印发《空气质量新标准第三阶段监测实施方案》的通知	2014 年
科学技术部	科学技术部、环境保护部关于印发《大气污染防治先进技术汇编》的通知	2014 年
工业和信息化部	工业和信息化部公告 2015 年第 35 号——关于《钢铁行业规范条件（2015 年修订）》和《钢铁行业规范企业管理办法》的公告	2015 年
工业和信息化部	工业和信息化部、环境保护部关于在北方采暖区全面试行冬季水泥错峰生产的通知	2015 年
工业和信息化部	工业和信息化部关于推进化肥行业转型发展的指导意见	2015 年
国家发改委	国家发展改革委、财政部、农业部、环境保护部关于进一步加快推进农作物秸秆综合利用和禁烧工作的通知	2015 年
国家发改委	国家发展改革委办公厅关于征集国家重点推广的低碳技术目录（第二批）的通知	2015 年
环境保护部	环境保护部办公厅关于核发 2015 年度含氢氯氟烃生产配额的通知	2015 年
环境保护部	环境保护部办公厅关于开展大气污染防治专项执法检查的通知	2015 年
环境保护部	环境保护部办公厅关于 2015 年夏季秸秆焚烧污染防控工作情况的通报	2015 年
国家能源局	国家能源局关于组织报送加快成品油质量升级项目的通知	2015 年
农业部	农业部办公厅关于印发《农业部贯彻落实党中央国务院有关“三农”重点工作实施方案》的通知	2015 年
工业和信息化部	工业和信息化部、财政部关于印发重点行业挥发性有机物削减行动计划的通知	2016 年

续表

发布机构	政策名称	时间
环境保护部	环境保护部办公厅、商务部办公厅关于加强二手车环保达标监管工作的通知	2016年
大气污染防治与温室气体减排法律政策		
全国人大常委会	中华人民共和国大气污染防治法（2015修订）	2015年
大气污染防治与温室气体减排教育政策		
环保部	国家环境保护总局关于开展环境法制宣传教育的第五个五年规划	2006年
教育部	教育部高等教育司关于进行“节能减排学校行动主题教育活动”的预通知	2007年
教育部	教育部办公厅关于直属机关进一步做好节能减排厉行节约节省开支的通知	2008年
教育部	教育部高等教育司关于公布第三批国家级精品资源共享课立项项目名单及有关事项的通知	2013年
住房和城乡建设部	住房和城乡建设部关于做好2013年中国城市无车日活动有关工作的通知	2013年
环保部	环境保护部办公厅关于印发《2014年全国环境宣传教育工作要点》的通知	2014年
环保部	环境保护部公告2014年第53号——关于发布《“同呼吸、共奋斗”公民行为准则》的公告	2014年
住房和城乡建设部	住房和城乡建设部关于做好2014年中国城市无车日活动有关工作的通知	2014年
环保部	环境保护部办公厅关于印发《2016年全国环境宣传教育工作要点》的通知	2016年

续表

发布机构	政策名称	时间
水资源与水环境政策		
水资源与水环境综合政策		
国务院	国务院关于三峡库区及其上游水污染防治规划的批复	2001年
国务院	国务院关于太湖水污染防治“十五”计划的批复	2001年
国务院	国务院关于辽河流域水污染防治“十五”计划的批复	2003年
国务院	国务院关于淮河流域水污染防治“十五”计划的批复	2003年
国务院	国务院关于巢湖流域水污染防治“十五”计划的批复	2003年
国务院	国务院关于海河流域水污染防治“十五”计划的批复	2003年
国务院	国务院关于滇池流域水污染防治“十五”计划的批复	2003年
国务院	国务院关于丹江口库区及上游水污染防治和水土保持规划的批复	2006年
国务院	全国农村饮水安全工程“十一五”规划	2006年
国务院	松花江流域水污染防治规划（2006~2010年）	2006年
国务院	全国城市饮用水安全保障规划	2007年
国务院	全国饮用水水源地环境保护规划	2008年
国家发改委	全国水资源综合规划	2010年
环境保护部	全国地下水污染防治规划（2011~2020年）	2011年
国家发改委	全国城镇污水处理及再生利用设施建设“十一五”规划	2012年
国务院	国务院关于印发水污染防治行动计划的通知	2015年
环境保护部	环境保护部、国家发展和改革委员会、住房和城乡建设部、水利部关于落实《水污染防治行动计划》的通知	2016年
水资源与水环境经济政策		
国家计委	关于进一步推进城市供水价格改革工作的通知	2002年

续表

发布机构	政策名称	时间
国务院	南水北调工程建设资金管理办法	2008年
财政部	关于执行环境保护专用设备企业所得税优惠目录节能节水专用设备企业所得税优惠目录和安全生产专用设备企业所得税优惠目录有关问题的通知	2008年
财政部	关于公布节能节水专用设备企业所得税优惠目录（2008年版）和环境保护专用设备企业所得税优惠目录（2008年版）的通知	2008年
财政部	财政部、国家税务总局、国家发展改革委关于公布节能节水专用设备企业所得税优惠目录（2008年版）和环境保护专用设备企业所得税优惠目录（2008年版）的通知	2008年
财政部	财政部关于印发《三河三湖及松花江流域水污染防治考核奖励资金管理办法》的通知（失效）	2011年
水资源与水环境行政政策		
国土资源部	中华人民共和国海洋石油勘探开发环境保护管理条例	1983年
国务院	中华人民共和国防治陆源污染物污染损害海洋环境管理条例	1990年
国务院	国务院关于酸雨控制区和二氧化硫污染控制区有关问题的批复	1998年
国务院	关于加强重点湖泊水环境保护工作的意见	2008年
国务院	重点流域水污染防治专项规划实施情况考核暂行办法	2009年
环境保护部	环境保护部办公厅关于进一步加强沿江沿河化工石化企业环境污染隐患排查整治工作的通知	2010年
环境保护部	环境保护部办公厅、发展改革委办公厅、水利部办公厅关于印发《重点流域水污染防治“十二五”规划编制工作方案》的通知	2010年
住房和城乡建设部	住房和城乡建设部建筑节能与科技司关于组织申报“城市水污染控制关键设备与重大装备研发及产业化”和“饮用水安全保障关键材料设备产业化”项目	2010年
国务院	“十一五”期间全国主要污染物排放总量控制计划	2011年

续表

发布机构	政策名称	时间
环境保护部	环境保护部、国家发展和改革委员会、财政部等关于印发《长江中下游流域水污染防治规划（2011~2015年）》的通知	2011年
环境保护部	环境保护部关于开展环境污染损害鉴定评估工作的若干意见	2011年
国务院	国务院关于实行最严格水资源管理制度的意见	2012年
环境保护部	环境保护部办公厅关于印发《集中式饮用水水源环境保护指南（试行）》的通知	2012年
环境保护部	环境保护部关于深入开展重点行业环保核查进一步强化工业污染防治工作的通知	2012年
水利部	水利部、国家质检总局、全国节水办关于加强节水产品质量提升与推广普及工作的指导意见	2012年
水利部	水利部关于印发落实国务院关于实行最严格水资源管理制度的意见实施方案的通知	2012年
水利部	水利部关于印发水行政执法、水资源管理、水利工程管理，农村水电、水文、水利勘测设计专业从业人员行为准则（试行）的通知	2012年
国务院	城镇排水与污水处理条例	2013年
水利部	实行最严格水资源管理制度考核工作实施方案	2014年
水利部	水利部、发展改革委、财政部等关于进一步加强农村饮水安全工作的通知	2015年
环境保护部	环境保护部、财政部关于开展水污染防治行动计划项目储备库建设的通知	2016年
水利部	水利部等9部门关于印发《“十三五”实行最严格水资源管理制度考核工作实施方案》的通知	2016年

续表

发布机构	政策名称	时间
水利部	水利部、环境保护部关于印发贯彻落实《关于全面推行河长制的意见》实施方案的函	2016年
水资源与水环境法律政策		
全国人大常委会	中华人民共和国海洋环境保护法	1982年
全国人大常委会	中华人民共和国水污染防治法	1984年
全国人大常委会	中华人民共和国水法	1988年
国家环境保护总局	水污染防治法实施细则	1989年
土壤资源与土壤污染政策		
土壤资源与土壤污染综合政策		
国务院	国务院办公厅关于落实中共中央、国务院关于进一步加强农村工作提高农业综合生产能力若干政策意见有关政策措施的通知	2005年
国务院	国务院关于印发全国土地利用总体规划纲要（2006~2020年）的通知	2008年
国务院	国务院关于印发土壤污染防治行动计划的通知	2016年
土壤资源与土壤污染经济政策		
农业部	农业部办公厅关于加强土壤有机质提升补贴项目监督管理的通知	2012年
财政部	财政部办公厅、水利部办公厅关于印发《2013年中央财政小型农田水利设施建设补助专项资金项目立项指南》和下达资金补助指标的通知	2013年
国务院	中共中央办公厅、国务院办公厅印发《关于引导农村土地经营权有序流转发展农业适度规模经营的意见》	2014年
农业部	农业部关于大力开展粮食绿色增产模式攻关的意见	2015年
国家税务总局	国家税务总局关于发布《耕地占用税管理规程（试行）》的公告	2016年
国务院	国务院关于印发全国国土规划纲要（2016~2030年）的通知	2017年

续表

发布机构	政策名称	时间
土壤资源与土壤污染行政政策		
国家环境保护总局	食用农产品产地环境质量评价标准	2006 年
国家环境保护总局	温室蔬菜产地环境质量评价标准	2006 年
国家环境保护总局	展览会用地土壤环境质量评价标准（暂行）	2007 年
国务院	国务院关于促进节约集约用地的通知	2008 年
环境保护部	关于加强土壤污染防治工作的意见	2008 年
国务院	关于加强重金属污染防治工作的指导意见	2009 年
国家工商行政管理总局	国家工商行政管理总局关于进一步开展“限塑”整治工作的通知	2009 年
国务院	国务院关于国家粮食安全工作情况的报告	2010 年
国务院	土地复垦条例	2011 年
国土资源部	土地复垦方案编制规程	2011 年
环境保护部	关于保障工业企业场地再开发利用环境安全的通知	2012 年
环境保护部	环境保护部办公厅关于印发《〈国家环境保护“十二五”规划〉重点工作部内分工方案》的通知	2012 年
国务院	国务院办公厅关于印发近期土壤环境保护和综合治理工作安排的通知	2013 年
国务院	关于印发近期土壤环境保护和综合治理工作安排的通知	2013 年
国务院	关于推进城区老工业区搬迁改造的指导意见	2014 年
国土资源部	土地整治项目验收规程	2014 年
国土资源部	全国耕地质量等别调查与评定主要数据成果的公告	2014 年
环境保护部	场地环境调查技术导则	2014 年
环境保护部	污染场地风险评估技术导则	2014 年
环境保护部	污染场地土壤修复技术导则	2014 年

续表

发布机构	政策名称	时间
环境保护部	污染场地修复技术目录（第一批）	2014 年
环境保护部	农用地污染土壤修复项目管理指南（试行）	2014 年
环境保护部	农用地污染土壤植物萃取技术指南（试行）	2014 年
环境保护部	工业企业场地环境调查评估及修复工作指南（试行）	2014 年
环境保护部	关于加强工业企业关停、搬迁及原址场地再开发利用过程中污染防治工作的通知	2014 年
环境保护部	农用地土壤环境质量标准	2015 年
环境保护部	建设用地土壤污染风险筛选指导值	2015 年
	土壤资源与土壤污染法律政策	
全国人大常委会	中华人民共和国土地管理法	1986 年
全国人大常委会	土壤环境质量标准	1995 年
全国人大常委会	固体废物污染环境防治法	1995 年
全国人大常委会	基本农田保护条例	1998 年
全国人大常委会	农药限制使用管理规定	2002 年
全国人大常委会	废弃危险化学品污染环境防治办法	2005 年
全国人大常委会	农产品质量安全法	2006 年
全国人大常委会	城市生活垃圾管理办法	2007 年
全国人大常委会	危险化学品安全管理条例	2011 年
全国人大常委会	农药管理条例	2017 年
	节能政策	
	节能综合政策	
国家环保总局	国家发展改革委关于印发节能中长期专项规划的通知	2004 年
国务院	国务院关于印发能源发展“十二五”规划的通知	2013 年

续表

发布机构	政策名称	时间
国务院	国务院办公厅关于印发能源发展战略行动计划（2014~2020年）的通知	2014年
节能经济政策		
财政部	财政部对节约能源管理有关税收问题的通知	1986年
财政部	节能产品政府采购实施意见	2004年
财政部	节能产品政府采购清单	2004年
财政部	财政部、国家发展改革委关于印发节能产品政府采购实施意见的通知	2004年
国家发改委	上网电价管理暂行办法	2005年
财政部	财政部、国家发展改革委关于印发《节能技术改造财政奖励资金管理暂行办法》的通知	2007年
财政部	财政部关于印发再生节能建筑材料财政补助资金管理暂行办法的通知（失效）	2008年
科学技术部	科学技术部、财政部关于2011年度中欧中小企业节能减排科研合作资金项目立项的通知	2011年
国务院	国务院关于印发节能与新能源汽车产业发展规划（2012~2020年）的通知	2012年
财政部	财政部、国家税务总局、工业和信息化部关于节约能源使用新能源车船税政策的通知（失效）	2012年
国务院	国务院关于印发“十二五”节能环保产业发展规划的通知	2012年
财政部	财政部、国家税务总局关于进一步提高成品油消费税的通知	2014年
财政部	财政部办公厅、交通运输部办公厅、商务部办公厅关于印发2015年度车辆购置税收入补助地方资金用于交通运输节能减排、公路甩挂运输试点、老旧汽车报废更新项目申请指南的通知	2015年

续表

发布机构	政策名称	时间
	节能行政政策	
建设部	建设部关于实施节约能源——城市绿色照明示范工程的通知	2004 年
建设部	建设部办公厅关于开展建设领域节能减排监督检查工作的通知	2007 年
监察部	监察部关于监察机关进一步做好节能减排有关工作的通知	2007 年
国务院	国务院关于进一步加强节油节电工作的通知（失效）	2008 年
国务院	国务院关于加强节能工作的决定	2008 年
国务院	国务院办公厅关于进一步推进墙体材料革新和推广节能建筑的通知	2008 年
国务院	国务院办公厅关于建立政府强制采购节能产品制度的通知	2008 年
国务院	国务院办公厅转发发展改革委等部门关于鼓励发展节能环保型小排量汽车意见的通知	2008 年
国务院	国务院办公厅关于转发发展改革委等部门节能发电调度办法（试行）的通知	2008 年
国务院	民用建筑节能条例	2008 年
国务院	公共机构节能条例	2008 年
农业部	农业部关于贯彻落实国务院 2008 年节能减排工作安排的意见	2008 年
商务部	商务部关于 2008 年商务系统节能减排工作安排的通知	2008 年
住房和城乡建设部	住房和城乡建设部关于做好 2008 年建设领域节能减排工作的实施意见	2008 年
国务院	国务院办公厅关于印发 2009 年节能减排工作安排的通知	2009 年
农业部	农业部办公厅关于做好 2009 年渔业节能减排项目实施工作的通知	2009 年
国务院	国务院关于进一步加大工作力度确保实现“十一五”节能减排目标的通知	2010 年
国务院	国务院办公厅关于进一步加大节能减排力度加快钢铁工业结构调整的若干意见	2010 年

续表

发布机构	政策名称	时间
农业部	农业部办公厅关于进一步做好农机化节能减排工作的通知	2010年
财政部	财政部、科学技术部、工业和信息化部、国家发展和改革委员会关于扩大公共服务领域节能与新能源汽车示范推广有关工作的通知（失效）	2010年
工业和信息化部	工业和信息化部关于水泥工业节能减排的指导意见	2010年
商务部	商务部关于加强流通服务业节能减排工作的指导意见	2010年
国务院	国务院关于扩大征集国家能源交通重点建设基金的规定	2011年
国务院	国务院关于对“十一五”节能减排工作成绩突出的省级人民政府给予表扬的通报	2011年
工业和信息化部	工业和信息化部关于建立工业节能减排信息监测系统的通知	2011年
交通运输部	交通运输部关于印发“十二五”水运节能减排总体推进实施方案的通知	2011年
国务院	国务院关于城市优先发展公共交通的指导意见	2012年
住房和城乡建设部	住房和城乡建设部、发展改革委、财政部关于加强城市步行和自行车交通系统建设的指导意见	2012年
科学技术部	科学技术部关于印发智能电网重大科技产业化工程“十二五”专项规划的通知（失效）	2012年
国家发改委	国家发展和改革委员会、财政部、工业和信息化部公告2012年第31号——关于公布节能产品惠民工程高效节能家用电冰箱推广目录（第二批）的公告	2012年
国务院	国务院办公厅关于加强内燃机工业节能减排的意见	2013年
工业和信息化部	工业和信息化部关于石化和化学工业节能减排的指导意见	2013年
工业和信息化部	工业和信息化部关于有色金属工业节能减排的指导意见	2013年
国务院	国务院办公厅关于加快新能源汽车推广应用的指导意见	2014年

续表

发布机构	政策名称	时间
国家发改委	国家发展和改革委员会公告 2015 年第 33 号——高效节能锅炉推广目录（第一批）	2015 年
国务院	国务院办公厅关于加强节能标准化工作的意见	2015 年
科学技术部	科技部、环境保护部、工业和信息化部关于发布节能减排与低碳技术成果转化推广清单（第二批）的公告	2016 年
国务院	国务院批转国家建材局等部门关于加快墙体材料革新和推广节能建筑意见的通知	2017 年
节能法律政策		
全国人大常委会	中华人民共和国节约能源法（1997 年颁布，2016 年修订）	2016 年
节能宣传教育政策		
教育部	教育部关于开展节能减排学校行动的通知	2007 年
国家发改委	国家发展改革委、中宣部、教育部等关于印发节能减排全民行动实施方案的通知（失效）	2007 年
国家发改委	国家发展和改革委员会、教育部、科学技术部等关于 2008 年全国节能宣传周活动安排意见的通知	2008 年
国务院	国务院办公厅关于深入开展全民节能行动的通知	2008 年
教育部	教育部高等教育司关于举办“第二届全国大学生节能减排社会实践与科技竞赛”活动的通知	2008 年
国务院	国务院机关事务管理局关于做好 2010 年公共机构节能工作的通知	2010 年
国家发改委	国家发展改革委、教育部、科技部等关于 2011 年全国节能宣传周活动安排意见的 2012 年全国节能宣传周活动安排的通知	2011 年
国家发改委	国家发展改革委、教育部、科技部等关于 2013 年全国节能宣传周和全国低碳日活动安排的通知	2013 年

续表

发布机构	政策名称	时间
国务院	国务院机关事务管理局、教育部、共青团中央关于开展节能宣传作品征集活动的通知	2014 年
国家发改委	国家发展改革委、教育部、科技部等关于 2014 年全国节能宣传周和全国低碳日活动安排的通知	2014 年
国家发改委	国家发展改革委、教育部、科技部等关于 2015 年全国节能宣传周和全国低碳日活动的通知	2015 年
交通运输部	交通运输部关于组织开展 2015 年“公交出行宣传周”活动有关事项的通知	2015 年
其他资源的节约与有效利用政策		
其他资源的节约与有效利用综合政策		
国家环境保护总局	国家环境保护总局关于印发国家环保总局关于推进循环经济发展的指导意见的通知	2005 年
国务院	国务院关于加快发展循环经济的若干意见	2008 年
国家环境保护总局	钢铁工业发展循环经济环境保护导则	2009 年
国务院	国务院关于印发循环经济发展战略及近期行动计划的通知	2013 年
其他资源的节约与有效利用经济政策		
财政部	财政部、国家税务总局关于对部分资源综合利用产品免征增值税的通知（失效）	1995 年
财政部	财政部、国家税务总局关于废旧物资回收经营业务有关增值税政策的通知（失效）	2001 年
国家发改委	循环经济示范区申报、命名和管理规定（试行）	2003 年
财政部	财政部、国家发展改革委关于印发《节能产品政府采购实施意见》的通知	2004 年

续表

发布机构	政策名称	时间
财政部	财政部、国家税务总局关于部分资源综合利用产品增值税政策的补充通知（失效）	2004年
财政部	关于对电石和铁合金行业进行清理整顿的若干意见	2004年
财政部	关于清理规范焦炭行业的若干意见的紧急通知	2004年
财政部	关于加快推行清洁生产的意见	2004年
建设部	城市建筑垃圾管理规定	2005年
国家发改委	国家发展和改革委员会办公厅关于印发循环经济试点实施方案编制要求的通知	2005年
国家发改委	国家发展改革委、财政部、住房和城乡建设部关于开展循环经济示范城市（县）建设的通知	2005年
财政部	环境标志产品政府采购实施意见	2006年
财政部	铝工业发展循环经济环境保护导则	2009年
国家发改委	国家发展改革委、人民银行、银监会、证监会关于支持循环经济发展的投融资政策措施意见的通知	2010年
国务院	国务院批转发展改革委关于2010年深化经济体制改革重点工作意见的通知（失效）	2010年
国务院	国务院关于进一步加强淘汰落后产能工作的通知	2010年
财政部	财政部办公厅、住房和城乡建设部办公厅关于组织申请国家机关办公建筑和大型公共建筑节能监管体系建设补助	2010年
国家发改委	国家发展改革委办公厅、财政部办公厅关于印发循环经济发展专项资金支持餐厨废弃物资源化利用和无害化处理试点城市建设实施方案的通知	2011年
国家标准化管理委员会	国家标准化管理委员会关于印发国家循环经济标准化试点考核评估方案（试行）的通知	2011年

续表

发布机构	政策名称	时间
财政部	财政部、国家发展改革委关于印发《循环经济发展专项资金管理暂行办法》的通知（失效）	2012 年
财政部	财政部、国家发展改革委关于印发循环经济发展专项资金管理暂行办法的通知（失效）	2012 年
国家发改委	国家发展改革委、环境保护部、科技部、工业和信息化部公告 2012 年第 13 号——国家鼓励的循环经济技术、工艺和设备名录	2012 年
国务院	国务院关于印发全国资源型城市可持续发展规划（2013~2020 年）的通知	2013 年
国家发改委	国家发展改革委关于组织开展循环经济示范城市（县）创建工作的通知	2013 年
国务院	国务院关于加快发展生产性服务业促进产业结构调整升级的指导意见	2014 年
国家发改委	国家标准委办公室关于印发 2014 年国家循环经济标准化试点项目申报指南的通知	2014 年
国家发改委	国家发展改革委关于印发 2015 年循环经济推进计划的通知	2015 年
国家发改委	国家发展改革委、农业部、国家林业局关于加快发展农业循环经济的指导意见	2015 年
农业部	农业部、国家发展改革委、财政部等关于印发《关于推进农业废弃物资源化利用试点的方案》的通知	2016 年
其他资源的节约与有效利用行政政策		
国务院	单位能耗监测体系实施方案	2007 年
国家发改委	国家发展改革委关于做好中小企业节能减排工作的通知	2007 年
国家发改委	煤炭工业节能减排工作意见	2007 年
国家环境保护总局	整治违法排污企业保障群众健康环保专项行动工作方案	2007 年

续表

发布机构	政策名称	时间
国家环境保护总局	关停和淘汰落后钢铁生产能力责任书	2007年
国务院	国务院办公厅关于深入开展整治违法排污企业保障群众健康环保专项行动的通知	2008年
国务院	国务院办公厅关于建立统一的绿色产品标准、认证、标识体系的意见	2016年
国家发改委	国家发展改革委、财政部、环境保护部、国家统计局关于印发循环经济发展评价指标体系（2017年版）的通知	2017年
其他资源的节约与有效利用法律政策		
全国人大常委会	中华人民共和国矿产资源法	1996年
全国人大常委会	中华人民共和国循环经济促进法	2009年
生态建设政策		
生态建设综合政策		
国家发改委	国家发展改革委办公厅关于印发西藏生态安全屏障保护与建设规划（2008~2030年）的通知	2009年
国家发改委	国家发展改革委、国家林业局关于印发大小兴安岭林区生态保护与经济转型规划（2010~2020年）的通知	2010年
国务院	国务院关于促进牧区又好又快发展的若干意见	2011年
国务院	国务院关于进一步促进内蒙古经济社会又好又快发展的若干意见	2012年
国家发改委	国家发展和改革委员会、财政部、国土资源部等关于印发国家生态文明先行示范区建设方案（试行）的通知	2013年
国家发改委	国家发展和改革委员会关于印发西部地区重点生态区综合治理规划纲要的通知	2013年
环境保护部	环境保护部关于印发《全国生态保护“十二五”规划》的通知	2013年
国务院	国家生态文明试验区（福建）实施方案	2016年

续表

发布机构	政策名称	时间
国家发改委	国家发展改革委、农业部关于印发牧区草原防灾减灾工程规划（2016~2020 年）的通知	2016 年
国家发改委	耕地草原河湖休养生息规划	2016 年
农业部	农业部关于印发《全国草原保护建设利用“十三五”规划》的通知	2016 年
农业部	农业部关于印发《“十三五”全国草原防火规划》的通知	2017 年
	生态建设经济政策	
财政部	财政部、国家税务总局关于林业税收问题的通知（失效）	1995 年
国家发改委	巩固退耕还林成果专项资金使用和管理办法	2007 年
国务院	国务院关于生态补偿机制建设工作情况的报告	2013 年
财政部	财政部、环境保护部关于组织江河湖泊生态环境保护工作竞争的通知	2013 年
财政部	财政部、环境保护部关于印发《江河湖泊生态环境保护项目资金管理办法》的通知（失效）	2013 年
环境保护部	环境保护部、国家发展和改革委员会、财政部关于加强国家重点生态功能区环境保护和管理的意见	2013 年
国务院	国务院关于支持福建省深入实施生态省战略加快生态文明先行示范区建设的若干意见	2014 年
环境保护部	环境保护部、国家发展和改革委员会、财政部关于印发《水质较好湖泊生态环境保护总体规划（2013~2020 年）》的通知	2014 年
农业部	农业部办公厅关于做好 2014 年度长江上游珍稀特有鱼类国家级自然保护区生态补偿项目工作的通知	2014 年
国务院	生态环境损害赔偿制度改革试点方案	2015 年
国务院	中共中央办公厅、国务院办公厅印发《关于全面推行河长制的意见》	2016 年

续表

发布机构	政策名称	时间
国务院	国务院办公厅关于健全生态保护补偿机制的意见	2016年
财政部	财政部、环境保护部、发展改革委、水利部关于加快建立流域上下游横向生态保护补偿机制的指导意见	2016年
财政部	财政部关于印发《2016年中央对地方重点生态功能区转移支付办法》的通知	2016年
农业部	农业部等十部委办局关于印发探索实行耕地轮作休耕制度试点方案的通知	2016年
国家发改委	国家发展改革委、国家林业局、国家开发银行、中国农业发展银行关于进一步利用开发性和政策性金融推进林业生态建设的通知	2017年
	生态建设行政政策	
国务院	国家环境保护局关于印发《生态县、生态市、生态省建设指标（试行）》的通知（失效）	2003年
国务院	草原防火条例（2008年修订）	2008年
国务院	国务院办公厅关于做好自然保护区管理有关工作的通知	2010年
国务院	党政领导干部生态环境损害责任追究办法（试行）	2015年
农业部	农业部办公厅关于开展草原保护建设项目监督检查的通知（2015）	2015年
农业部	财政部、国家发展改革委、国家林业局等关于扩大新一轮退耕还林还草规模的通知	2015年
国务院	生态文明建设目标评价考核办法	2016年
国务院	退耕还林条例（2016年修订）	2016年
国家发改委	国家发展改革委、财政部、国家林业局等关于下达2016年退耕还林还草年度任务的通知	2016年
国家发改委	国家发展改革委、财政部、国土资源部等关于印发耕地草原河湖休养生息规划（2016~2030年）的通知	2016年

续表

发布机构	政策名称	时间
国家发改委	国家发展改革委等9部委联合印发《关于加强资源环境生态红线管控的指导意见》的通知	2016年
农业部	农业部关于印发《推进草原保护制度建设工作方案》的通知	2016年
农业部	农业部办公厅关于开展草原保护建设项目监督检查的通知（2016）	2016年
农业部	农业部关于切实做好2016年草原鼠虫害防治工作的通知	2016年
农业部	农业部关于切实做好春季草原火灾防控工作的通知	2016年
农业部	农业部办公厅、财政部办公厅关于印发《新一轮草原生态保护补助奖励政策实施指导意见（2016~2020年）》的通知	2016年
国务院	中共中央办公厅、国务院办公厅印发《关于划定并严守生态保护红线的若干意见》	2017年
农业部	农业部关于切实做好2017年草原保护建设重点工作的通知	2017年
生态建设法律和教育政策		
全国人大常委会	中华人民共和国森林法	1984年
全国人大常委会	中华人民共和国草原法	1985年
全国人大常委会	中华人民共和国野生动物保护法	1988年
全国人大常委会	中华人民共和国水土保持法	1991年
全国人大常委会	中华人民共和国防沙治沙法	2001年
农业部	农业部草原监理中心关于举办“2011中国草原可持续发展论坛”的通知	2011年
农业部	农业部关于印发《农业系统法制宣传教育第六个五年规划（2011~2015年）》的通知	2011年
农业部	农业部、国家发展改革委、科技部等关于印发国家农业可持续发展试验示范区建设方案的通知	2016年